主办　中国建设监理协会

中国建设监理与咨询

23
2018 / 4
总第 23 期

CHINA CONSTRUCTION
MANAGEMENT and CONSULTING

中国建筑工业出版社

图书在版编目（CIP）数据

中国建设监理与咨询.23/ 中国建设监理协会主办.—北京：中国建筑工业出版社，2018.9
ISBN 978-7-112-22635-1

Ⅰ.①中… Ⅱ.①中… Ⅲ.①建筑工程—监理工作—研究—中国 Ⅳ.①TU712.2

中国版本图书馆CIP数据核字（2018）第199751号

责任编辑：费海玲　焦　阳
责任校对：姜小莲

中国建设监理与咨询 23

主办　中国建设监理协会

*

中国建筑工业出版社出版、发行（北京海淀三里河路9号）
各地新华书店、建筑书店经销
北京雅盈中佳图文设计公司制版
北京缤索印刷有限公司印刷

*

开本：880×1230毫米　1/16　印张：7$\frac{1}{2}$　字数：300千字
2018年8月第一版　2018年8月第一次印刷
定价：**35.00元**
ISBN 978-7-112-22635-1
　　　（32759）

版权所有　翻印必究
如有印装质量问题，可寄本社退换
（邮政编码100037）

编委会

主任：王早生

执行副主任：王学军

副主任：修　璐　王莉慧　温　健　刘伊生
　　　　李明安　唐桂莲

委员（按姓氏笔画排序）：

王　莉	王方正	王庆国	王怀栋	王章虎
方向辉	邓　涛	邓念元	叶华阳	田　毅
田哲远	冉　鹏	曲　晗	伍忠民	刘　勇
刘　涛	刘基建	汤　斌	孙　璐	孙晓博
孙惠民	杜鹏宇	李　伟	李建军	李富江
杨卫东	吴　涛	吴　浩	肖　波	张国明
张铁明	陈进军	范中东	易天镜	周红波
郑俊杰	赵秋华	胡明健	姜建伟	费海玲
袁文宏	袁文种	贾铁军	顾小鹏	徐　斌
栾继强	郭公义	龚花强	龚黎明	盛大全
梁士毅	屠名瑚	程辉汉	詹圣泽	潘　彬

执行委员：孙　璐　刘基建

编辑部

地址：北京海淀区西四环北路 158 号
　　　慧科大厦东区 10B

邮编：100142

电话：（010）68346832

传真：（010）68346832

E-mail：zgjsjlxh@163.com

中国建设监理与咨询

目录 CONTENTS

■ 行业动态
中国建设监理协会六届二次常务理事会在广州召开　6
全过程工程咨询试点工作座谈会在贵阳召开　6
大型水电工程EPC总承包模式下监理服务研讨活动在四川举行　7
2018年内地与香港建筑论坛在贵阳召开　7
上海市建设工程咨询行业协会监理专业委员会召开监理块组长会议　8
江苏省建设监理协会召开"一带一路"建设工程咨询业务座谈会　8
北京市建设监理协会举办2018年第二期大型公益讲座　9
武汉建设监理与咨询行业协会召开行业发展专家委员会重组大会　10
广东省建设监理协会举办"工程监理全过程合同管理"专题讲座　10
监理行业转型升级创新发展业务辅导活动在哈尔滨举办　11
北京市住建委召开2018年上半年全市驻厂监理工作总结会　11
山西省建设监理协会举办工程监理资料员业务培训　12

■ 政策法规消息
2017年建设工程监理统计公报　13
2018年6月开始实施的工程建设标准　15
2018年7月开始实施的工程建设标准　15
2018年8月开始实施的工程建设标准　16

■ 本期焦点：聚焦全过程工程咨询与项目管理经验交流会
抓住机遇　务实创新　开启监理行业发展新征程
——王早生会长在全过程工程咨询与项目管理经验交流会上的讲话　18
王学军副会长兼秘书长在全过程工程咨询与项目管理经验交流会上的总结　21
发言摘要　24

■ 监理论坛
上海玉佛禅寺古建筑修缮技术和监理施工管理 / 孙康　28

杨房沟水电站EPC模式下的监理工作初步实践 / 王国平　32
某工程火灾自动报警系统的监理管理 / 张腾　36
如何做好装饰装修工程的质量控制 / 叶小明　39
BIM技术在全过程咨询企业中的应用初探 / 陈继东　胡灿　林文敏　43
全过程工程咨询刍议 / 谷金省　48
洞室工程岩石级别变化引起的变更探讨 / 寇成昊　肖程宸　51
连续梁悬臂施工的线型控制 / 张晓明　55
大型群众性活动社会稳定风险评估探索与实践 / 王佳圆　耿伟　刘金明　59

■ 项目管理与咨询

某银行总部大楼全过程工程咨询实践体会 / 杨卫东　61
整合　联合　重组——监理企业转型发展全过程工程咨询服务实践与探讨 / 张跃峰　66
大型政府投资建设工程全过程项目管理咨询实践总结 / 徐友全　马升军　辛延秋　70

■ 创新与研究

争当全过程工程咨询先行者　勇做监理企业转型升级排头兵 / 冉鹏　74
工程监理业务向PMC服务模式转型的思考 / 晁玉艳　张晓东　陈晓平　79

■ 人才培养

监理企业人才培养的途径探讨 / 缪玉国　84

■ 人物专访

三十载风雨兼程　工程监理再起航
——与中国建设监理协会会长王早生谈行业改革与发展 / 汪红蕾　孙璐　88

■ 企业文化

大力抓好企业文化建设　不断提高监理工作质量 / 杨心仲　95
编辑企业内刊的实践与探索 / 刘颖　99

中国建设监理协会六届二次常务理事会在广州召开

2018年7月18日,中国建设监理协会在广州召开六届二次常务理事会,会议由王学军副会长兼秘书长主持。

会上,王学军副会长报告了《中国建设监理协会2018年上半年工作情况和下半年工作安排》,总结了2018年上半年工作并对2018年下半年工作进行了安排。温健副秘书长报告了《拟发展的团体会员和单位会员情况报告》和《关于调整、增补中国建设监理协会理事的报告(审议稿)》。

课题研究组成员对2018年协会委托的《工程监理资料管理标准》《会员信用管理办法》《装配式建筑工程监理规程》和《项目监理机构人员配备标准》等四个课题介绍了研究进展情况。

会议由王早生会长总结,提出五点要求:一是积极开展监理行业30周年的各项活动,借着30周年的契机,做好监理行业的宣传工作,推动行业发展、提供正能量,树立监理行业在整个建筑行业中的地位;二是积极开展课题研究,对行业发展中产生问题的研究不能松懈,研究的站位要高,角度要广,要以社会、政府和整个行业的角度对问题进行全面思考和研究;三是认真开展协会秘书处的工作,要提高协会秘书处人员的主观能动性,组织好协会内部和外部的相关工作;四是积极主动与政府部门进行沟通,认真完成政府部门交办的相关工作,向政府部门反映企业的诉求,做到多汇报、多沟通;五是发现行业内部自身的问题,处理好工作中遇到的问题,切合实际地解决问题。

全过程工程咨询试点工作座谈会在贵阳召开

2018年7月4日,中国建设监理协会在贵阳召开全过程工程咨询试点工作座谈会,共有来自试点省协会、试点监理企业代表30余人参加会议,会议由中国建设监理协会副秘书长温健主持,住房城乡建设部建筑市场监管司建设咨询监理处副处长杨国强出席会议。

本次会议旨在贯彻《国务院办公厅关于促进建筑业持续健康发展的意见》(国办发〔2017〕19号)和落实《住房城乡建设部关于开展全过程工程咨询试点工作的通知》(建市〔2017〕101号),推动全过程工程咨询试点工作稳步推进。参会的试点省协会和试点监理企业积极发言,介绍试点项目的进展情况,并提出在试点工作中遇到的问题和建议。

王早生会长对试点省协会和试点监理企业在开展全过程工程咨询试点工作中取得的成绩表示肯定,中国建设监理协会将与试点省协会和试点监理企业共同努力推进全过程工程咨询试点工作的有序开展。最后,中国建设监理协会副会长兼秘书长王学军对座谈会作总结发言,希望大家能够正确认识全过程工程咨询服务的模式,不断加强工程咨询人才的培育、坚持优质的服务和合理取费,为行业的转型升级创新发展打下良好的基础。

大型水电工程EPC总承包模式下监理服务研讨活动在四川举行

杨房沟水电站位于四川省凉山州木里县境内的雅砻江中游河段上，是雅砻江中游河段一库七级开发的第六级，挡水建筑物采用混凝土双曲拱坝，坝顶高程2102.00m，最大坝高155.00m，电站总装机容量1500MW。杨房沟水电站由雅砻江流域水电开发有限责任公司开发建设，是我国采用EPC总承包模式建设的第一座百万级水电站，被誉为我国水电行业"第二次鲁布革冲击"。

2018年6月26日，依托杨房沟水电站工程，中国建设监理协会水电建设监理分会与雅砻江流域水电开发有限责任公司合作组织大型水电工程EPC总承包模式下监理服务研讨活动。

中国建设监理协会副会长兼水电监理分会会长陈东平，副秘书长吴江，联络部主任张竞，雅砻江流域水电开发有限责任公司副总经理王继敏；杨房沟建设管理局（建设管理单位）、长江委监理中心·长江设计公司联合体（监理单位）和中国水电七局·华东院杨房沟总承包部（总承包单位）代表和来自国内大型水电监理企业的专家及领导参加了研讨活动。

参加活动的领导和各方代表、专家听取了参建各方工作情况介绍，杨房沟管理局对监理服务的需求和期望，监理单位的工作体会和困惑，总承包方对监理工作的意见和要求。参会人员结合实际工作经验，深入探讨了EPC模式下的监理服务范围、监理机构设置及职能、人员配置与素质要求、设计监理与采购管理的工作内容及措施等问题。会议审议了《大型水电工程EPC模式下监理服务导则》，并进行了分工。

参加活动的领导和各方代表、专家考察了杨房沟水电站建设工地。工地秩序井然，大坝基坑开挖和高边坡支护已经完成了90%，引水发电系统主副厂房、主变洞、尾水调压室等全部开挖支护完成，目前正在进行开挖支护阶段性验收及混凝土浇筑工作。施工质量和生产安全处于可控状态。EPC模式的建设管理优势逐步显现，工作效率大幅度提高。建设单位瘦身，设计与施工高度融合，总承包方优化了施工资源配置，施工安全、质量、进度全部受控，监理服务向设计、采购、试运行等阶段延伸，监理人员素质不断提高，监理咨询服务技术含量加大。

（中国建设监理协会水电监理分会　提供）

2018年内地与香港建筑论坛在贵阳召开

2018年7月23日，由住房城乡建设部、贵州省人民政府和香港特别行政区政府发展局共同主办的2018年内地与香港建筑论坛在贵阳市召开。本届论坛的主题是"融入国家发展大局促进建筑业高质量发展"，共有来自内地、香港的代表近400人参加会议。中国建设监理协会是本届论坛的内地协办单位之一。

中国建设监理协会会长王早生与香港特别行政区政府发展局副秘书长周绍喜共同主持主题发言环节。

中国建设监理协会专家委员会主任委员、上海市建设工程监理咨询有限公司董事长兼总经理龚花强以"新时代监理行业基于全过程工程咨询的转型升级发展"为题作了发言，并结合目前工程咨询行业转型升级发展的实践，列举了内地正在开展的工程咨询服务的实例，以便于香港建筑业同行全面了解内地工程咨询行业转型升级的现状与服务市场的情况。

上海市建设工程咨询行业协会监理专业委员会召开监理块组长会议

2018年7月20日,上海市建设工程咨询行业协会召开2018年第二次监理块组长会议。监理块组正副组长单位有关代表近50人参加了会议。会议由监理专业委员会副主任委员曹一峰主持。协会秘书长徐逢治,监理专业委员会主任委员龚花强,副主任委员邓卫、朱建华、谷东育、朱海念等出席会议。

本次会议邀请了上海市民防安全质量监督站安全专家刘诚就《危险性较大的分部分项工程安全管理规定》(住建部令第37号)及有关政策文件作专题解读。刘诚老师通过分析危大工程的范围、安全隐患的内涵,以及新技术、新工艺、新设备、新材料带来的管理难点,帮助监理提升建设工程各阶段的管控手段;还梳理了建设工程参建各方分工管理的工作职责和法律责任,并引用一些典型案例进行解析。他强调危大工程失管失控造成的后果不容小觑,管理人员需加强全方位安全预防管控能力的学习。

会上,徐逢治秘书长就协会拟于下半年开展"建设监理制度30周年"系列活动作工作部署。徐秘书长简要介绍了已经开展的前期筹备和组织分工工作,以及几项重要活动的策划安排。与此同时,由专委会副主任委员谷东育专门介绍了"上海建设监理行业发展30周年优秀论文、典型项目征集活动"的具体要求。

另外,专委会主任委员龚花强对新一轮监理企业人员薪酬及项目部人员配置调研工作进行交流汇报,他表示,发布实施本市监理行业人员成本和项目部人员配置信息,有利于引导行业良性竞争、规范监理市场。调研工作将为在年底发布实施"上海市工程监理人员信息制度"作数据支撑。

会上,与会代表就协会开展"建设监理制度30周年"系列活动等一系列工作进行了热烈的讨论。徐逢治秘书长表示,协会将继续发挥桥梁纽带作用,做好与建设主管部门的协调沟通,积极为监理行业标准化建设和企业健康发展献策谏言;同时,希望企业可以积极参与"建设监理制度30周年"系列活动,分享行业升级转型和创新发展的宝贵经验,为监理行业的蓬勃发展贡献力量。

江苏省建设监理协会召开"一带一路"建设工程咨询业务座谈会

2018年7月17日上午,江苏省建设监理协会"一带一路"建设工程咨询业务座谈会在中邮通公司召开。省协会秘书长朱丰林及相关领导出席本次会议,苏州、盐城、常州等市的监理协会派员参加了本次会议。会议由中邮通公司协助承办。

会上,省协会朱丰林秘书长作主题讲话,他指出,在国家"一带一路"战略机遇中,咨询行业(监理)要结合政策机遇,把握时代脉络,积极施展作为,走出国门、顺利出海,并提出各监理咨询企业要从提升服务质量、人才培养、深化转型发展、接应国家政策、接轨国际工程建设市场等方面进行探索和实践。

座谈中,各与会人员以"一带一路"战略背景下监理咨询公司如何更好发展海外业务为主题,展开深入广泛的交流和研讨。中邮通公司介绍了近年来阿尔及利亚等国家海外业务的开展情况,与各参会单位分享海外工程管理经验,共同分析遇到的种种问题与困难,探讨监理单位参与海外工程建设的新思路与新模式;

苏州城市建设项目管理有限公司董事长蔡东星介绍了其公司参与"一带一路"的成功案例，重点介绍承接位于丝绸之路北道上的中哈新疆霍尔果斯国际边境合作中心"天盛国际中心"工程监理和泰国阿特斯阳光电力（泰国）有限公司第二电池土建机电及废水站基建工程监理业务；苏州东大建设监理有限公司孙德明董事长介绍了其公司跟随"中材国际"（中国中材国际工程股份有限公司）并作为其聘用的咨询工程师参与的印度尼西亚巴亚（Bayah）10000t/d水泥生产线项目工程管理的情况。

本次会议的与会单位一致表示，要认真学习中邮通等企业海外咨询业务的实践经验，紧跟中央"一带一路"建设思路，抓住国家"一带一路"政策和经济转型的良好机遇，加快"走出去"的步伐，真正发挥工程咨询服务在工程建设中的作用，同时为企业开辟新的海外市场，促进企业和行业经济的双赢。

北京市建设监理协会举办2018年第二期大型公益讲座

2018年7月9日，北京市监理协会举办2018年第二期大型公益讲座。解读《危险性较大的分部分项工程安全管理规定》（住建部令第37号），同时动员全市监理人员深入学习和掌握国家验收标准。128家市监理单位的工程技术人员共计260余人参加讲座，李伟会长主讲。

首先，李伟会长宣讲了"37号部令"的具体内容，阐述了"37号部令"与《危险性较大的分部分项工程安全管理办法的通知》（87号文）的区别以及《关于实施〈危险性较大的分部分项工程安全管理规定〉有关问题的通知》（31号文）的具体实施要求。并从监理行业角度解读"37号部令"：一是"37号部令"健全了危大工程安全管理体系，明确了工程参建主体的职责，强化了危大工程安全管理的系统性和整体性；二是"37号部令"是87号文的提升，增加了建设单位和设计单位责任，同时规定了罚则；三是"37号部令"明确了专项施工方案由总监理工程师审查签字、加盖执业印章后方可实施，对于超过一定规模的危大工程，专家论证前专项施工方案应当通过施工单位审核和总监理工程师审查等8项具体职责；四是"37号部令"很有必要，有利于发挥技术人员的作用；五是"37号部令"明确监理安全巡视的要求，监理单位应加强记录，加强安全资料的管理。新部令的发布恰逢其时，有效促进了安全管理和技术水平的提升，对遏制危大工程安全事故起到了重要作用。

李伟会长要求首都监理人员要认真学习《建筑工程质量验收统一标准》及其他共16个国家验收标准。监理人员应以自学为主，根据需要分专业学习，坚持长期学习。监理单位可采取多种形式定期组织学习，结合履职工作需要，提升监理人员的整体素质，形成全员学习的良好氛围。

会上，北京市建设监理协会向参会人员赠送了《北京市建筑工程资料管理规程释义》和《建筑工程系列验收标准》（第一分册）等书籍。

（张宇红　提供）

武汉建设监理与咨询行业协会召开行业发展专家委会重组大会

武汉建设监理与咨询行业发展专家委员会重组大会在华中科技大学科技园创新基地隆重召开。来自本地业内的147位专家参加了会议。会长汪成庆、常务副会长杨泽尘、监事长杜富洲，副会长张自荣、程小玲以及秘书长陈凌云出席会议。会议由协会副会长、专家委员会主任胡兴国主持。

首先，胡兴国介绍了协会重组专家委员会的背景和目的，指出重组专家委员会是为了积极响应市城建委对工程监理与咨询行业的最新要求，切实配合做好行业管理部门委托的现场质量、安全、市场行为和设备等多项检查，参与事故调查以及行业政策咨询服务等工作，发挥专家委员会更大的作用。

随后秘书长陈凌云宣读了《关于行业发展专家委员会组织机构建议名单》，全体到会的行业专家举手一致表决通过了建议名单；常务副会长杨泽尘宣读了《关于公布武汉建设监理与咨询行业发展专家委员会组织机构和成员名单的通知》；副会长张自荣宣读了《武汉建设监理与咨询行业发展专家委员会管理办法》；协会信息宣传部部长冯梅宣贯了中国建设监理协会《关于开展纪念工程监理制度建立30周年征文活动的通知》文件精神，并对论文格式和内容提出了具体要求，希望专家委员们大力支持此项活动，积极组稿、投稿，以提升武汉建设监理与咨询行业的社会影响力。

最后，汪会长发表总结讲话，对全体专家提了五点要求：一、讲政治，牢记初心使命；二、勤学习，摆脱本领恐慌；三、重实干，履行职责担当；四、守纪律，不破红线底线；五、甘奉献，服务行业社会。

本次会议各个专业委员会还分别组织召开了负责人会议，结合协会2018年工作重点，对下半年专家委员会的工作进行了部署和安排。

广东省建设监理协会举办"工程监理全过程合同管理"专题讲座

为提高监理人员的合同管理水平，为会员送服务，2018年7月20日，广东省建设监理协会与湛江市建设职业技术培训学校在学校5楼多媒体室联合举办"工程监理全过程合同管理"专题讲座。市内外监理企业的技术负责人、总监理工程师、总监理工程师代表等198人参加活动。湛江市建设职业技术培训学校廖东华校长出席讲座会议。会议由广东省监理协会咨询培训部负责人彭平平主持。

会上，湛江市建设职业技术培训学校廖东华校长介绍了此次专题讲座的主题及目的，提到合同管理在工程项目实施中的重要性，感谢省建设监理协会将会员服务送至湛江，强调各位监理从业人员需珍惜本次学习和提高自身合同管理水平的机会，认真学习及思考，望能有所收获，为湛江市的建设工程监理作出更大贡献。

本次专题讲座再次邀请广州大学土木工程系程从密教授担任讲师。程教授以自身丰富的现场经验向大家阐述了工程监理全过程合同管理理论，结合国内现况传授工程项目实施过程中合同管理的技巧，以及分析监理人员常遇到的合同管理上的难题及分享解决问题的思路。再结合前两期的合同管理讲座上参会人员多次提问要点，以幽默风趣的表达方式让台下的监理人员在笑声中牢记当中要点。在场监理人员纷纷表示获益良多。

该次"工程监理全过程合同管理"专题讲座是继广州及河源举办的第三期专题讲座，通过专题讲座形式积极宣传合同管理的重要性，有效地提高了参会人员对合同管理的重视程度及处理能力。

监理行业转型升级创新发展业务辅导活动在哈尔滨举办

2018年7月11日,中国建设监理协会在哈尔滨举办监理行业转型升级创新发展业务辅导活动,共有来自东北三省及内蒙古自治区的会员代表及监理同仁约400人参加活动。活动由中国建设监理协会副秘书长温健主持,黑龙江省建设监理协会秘书长李志到会致辞。

本次活动旨在贯彻《国务院办公厅关于促进建筑业持续健康发展的意见》(国办发〔2017〕19号)精神,落实《住房城乡建设部关于促进工程监理行业转型升级创新发展的意见》(建市〔2017〕145号)要求,更好地服务协会会员,宣传监理行业改革发展形势,围绕"实施全过程工程咨询的战略思考、危险性较大工程新政解读、监理的风险控制、装配式建筑的应用与发展、监理企业的转型和能力再造"等内容作了专题讲座。最后,中国建设监理协会副会长兼秘书长王学军对活动作了总结发言,希望广大监理人员要更好地履行监理职责,促进行业健康发展,敢于面对改革发展中的各种问题和挑战。监理企业要加强人才队伍建设,坚持走诚信经营道路,提高监理科技含量和信息化管理水平及转型升级能力,履行法律法规赋予监理人员的光荣职责,共同克服阻碍行业发展的问题和矛盾,在改革中发挥应有的作用,为监理事业发展、为国家经济建设贡献一份力量。

北京市住建委召开2018年上半年全市驻厂监理工作总结会

2018年7月26日,北京市住建委组织召开2018年上半年全市驻厂监理工作总结会。市住建委副巡视员王鑫、质量处处长石向东、正处级调研员于扬、市监督总站副站长白建红、住房保障办公室副处长李海博、市监理协会会长李伟参会;10家驻厂监理单位负责人、驻厂监理人员近100人出席会议。会议由质量处石向东处长主持。

会上,市监理协会李伟会长作2018年上半年全市预拌混凝土生产质量驻厂监理工作总结,针对上半年驻厂监理工作情况从三方面进行了汇报:一是各驻厂监理单位领导重视,各项工作扎实,措施落实到位,整体工作平稳可控;二是驻厂监理过程中存在现场监理与驻厂监理重叠、甲方未按规定委托驻厂监理单位、未按标准取费等问题;三是进一步完善《北京市预拌混凝土生产质量驻厂监理工作手册》的修编工作,做好驻厂监理人员的培训与继续教育等工作。同时,解读了《预拌混凝土驻厂监理评价管理办法》。最后,李伟会长宣读市监理协会2018年上半年全市先进驻厂监理组和先进个人的通报。

市住房保障办公室李海博副处长介绍了上半年全市保障房建设完成情况和下半年工作要求;市监督总站白建红副站长通报了上半年全市预拌混凝土生产质量监督执法情况;质量处石向东处长宣读《2018年上半年全市预拌混凝土生产质量驻厂监理工作专项检查情况的通报》;质量处于扬同志解读《预拌混凝土生产质量驻厂监理

管理规定》(京建〔2018〕14号)。

王鑫副巡视员在肯定驻厂监理工作成绩的同时,提出了四点要求:一是要充分认识到驻厂监理工作的重要性,充分发挥驻厂监理作用,及时发现问题、处理问题,履行好职责使命;二是要抓住驻厂监理工作的关键点,把好进场验收复试关,严格配合好审批执行关,落实好生产过程监管关,把好出厂验收关,落实好试验养护环节关;三是要加大驻厂监理工作的规范化,认真执行《预拌混凝土生产质量驻厂监理管理规定》各项要求,并在行业自律、人员培训和企业评价方面抓好落实;四是要不断提高驻厂监理工作的影响力,进一步扩展驻厂监理工作范围,树立监理行业威信。

驻厂监理工作任务艰巨,希望驻厂监理人员认真贯彻驻厂监理工作会的各项工作要求,进一步提升驻厂监理工作能力,推动北京市预拌混凝土驻厂监理工作监管水平整体提升。

(张宇红 提供)

山西省建设监理协会举办工程监理资料员业务培训

为进一步提高监理资料人员全面掌握资料填写、收集、整理、归档的业务素质,根据企业要求和《建设工程监理规范》对资料内容作了修改和调整的情况,2018年6月24~26日,山西省建设监理协会在太原举办了一期工程监理资料员业务培训班。为使本次培训效果良好,协会领导高度重视,前期召开会议,专门对选材、选师、选址进行周密部署和合理安排。特别在选址上,考虑时下正值艳阳高照的盛夏,为有利于学员安心学习,选择了一个相对凉快适宜的学习环境和就餐条件干净卫生的酒店。

授课教师结合《建设工程监理规范》《建设工程文件归档规范》等标准规范,对资料管理人员应掌握的资料内容作了详细、认真、全面的讲授。学员不时起立抓拍老师的课件内容,并争相拷贝老师课件、请教问题。

本次参培企业60余家,人员400余人。培训结束后组织考试,学员精心作答,秩序良好。经工作人员按照评分标准认真判卷,成绩总体良好。

多数学员在征求意见反馈栏中,对本次培训给予了满意、较满意的评价,总体反响较好。协会也及时发现不足,并努力改进。

业务培训是提高监理队伍综合素质的有效途径和重要手段之一。协会多年来不断探索、认真总结,一直以企业和学员是否满意作为检验服务的标准。今后协会将汲取教训、不断改进,继续为行业培育人才努力。

(孟慧业 提供)

2017年建设工程监理统计公报

根据建设工程监理统计制度相关规定，我们对2017年全国具有资质的建设工程监理企业基本数据进行了统计，现公布如下：

一、企业的分布情况

2017年全国共有7945个建设工程监理企业参加了统计，与上年相比增长6.2%。其中，综合资质企业166个，增长11.41%；甲级资质企业3535个，增长4.62%；乙级资质企业3133个，增长9.2%；丙级资质企业1107个，增长2.41%；事务所资质企业4个，减少20%。具体分布见表1～表3。

二、从业人员情况

2017年年末工程监理企业从业人员1071780人，与上年相比增长7.13%。其中，正式聘用人员761609人，占年末从业人员总数的71.06%；临时聘用人员310171人，占年末从业人员总数的28.94%；工程监理从业人员为763943人，占年末从业总数的71.28%。

2017年年末工程监理企业专业技术人员914580人，与上年相比增长7.67%。其中，高级职称人员138388人，中级职称人员397839人，初级职称人员223258人，其他人员155095人。专业技术人员占年末从业人员总数的85.33%。

全国建设工程监理企业按地区分布情况　　　　表1

地区名称	北京	天津	河北	山西	内蒙古	辽宁	吉林	黑龙江
企业个数	328	107	305	223	158	311	190	218
地区名称	上海	江苏	浙江	安徽	福建	江西	山东	河南
企业个数	194	734	489	300	372	159	540	293
地区名称	湖北	湖南	广东	广西	海南	重庆	四川	贵州
企业个数	271	250	538	182	55	107	348	148
地区名称	云南	西藏	陕西	甘肃	青海	宁夏	新疆	
企业个数	172	43	474	189	65	63	119	

全国建设工程监理企业按工商登记类型分布情况　　　　表2

工商登记类型	国有企业	集体企业	股份合作	有限责任	股份有限	私营企业	其他类型
企业个数	554	57	31	4355	597	2258	93

全国建设工程监理企业按专业工程类别分布情况　　表3

资质类别	综合资质	房屋建筑工程	冶炼工程	矿山工程	化工石油工程	水利水电工程
企业个数	166	6394	19	33	140	89
资质类别	电力工程	农林工程	铁路工程	公路工程	港口与航道工程	航天航空工程
企业个数	341	17	51	28	9	7
资质类别	通信工程	市政公用工程	机电安装工程	事务所资质		
企业个数	29	616	2	4		

*本统计涉及专业资质工程类别的统计数据，均按主营业务划分。

2017年年末工程监理企业注册执业人员为286146人，与上年相比增长12.8%。其中，注册监理工程师为163944人，与上年相比增长8.36%，占总注册人数的57.29%；其他注册执业人员为122202人，占总注册人数的42.71%。

三、业务承揽情况

2017年工程监理企业承揽合同额3962.96亿元，与上年相比增长28.47%。其中工程监理合同额1676.32亿元，与上年相比增长19.72%；工程勘察设计、工程项目管理与咨询服务、工程招标代理、工程造价咨询及其他业务合同额2286.64亿元，与上年相比增长35.74%。工程监理合同额占总业务量的42.3%。

四、财务收入情况

2017年工程监理企业全年营业收入3281.72亿元，与上年相比增长21.74%。其中工程监理收入1185.35亿元，与上年相比增长7.3%；工程勘察设计、工程项目管理与咨询服务、工程招标代理、工程造价咨询及其他业务收入2096.37亿元，与上年相比增长31.78%。工程监理收入占总营业收入的36.12%。其中20个企业工程监理收入突破3亿元，50个企业工程监理收入超过2亿元，174个企业工程监理收入超过1亿元，工程监理收入过亿元的企业个数与上年相比增长12.26%。

2018年6月开始实施的工程建设标准

序号	标准编号	标准名称	发布日期	实施日期
		行业标准		
1	JGJ/T 398-2017	装配式住宅建筑设计标准	2017/10/30	2018/6/1
2	CJJ/T 100-2017	城市基础地理信息系统技术标准	2017/10/30	2018/6/1
3	CJJ/T 271-2017	城镇供水水质在线监测技术标准	2017/11/28	2018/6/1
4	CJJ/T 278-2017	城市轨道交通工程远程监控系统技术标准	2017/11/28	2018/6/1
5	CJJ/T 272-2017	波形钢腹板组合梁桥技术标准	2017/11/28	2018/6/1
6	CJJ/T 85-2017	城市绿地分类标准	2017/11/28	2018/6/1
7	JGJ/T 425-2017	既有社区绿色化改造技术标准	2017/11/28	2018/6/1
8	JGJ/T 74-2017	建筑工程大模板技术标准	2017/11/28	2018/6/1
		产品标准		
1	JG/T 129-2017	建筑门窗五金件 滑轮	2017/12/7	2018/6/1
2	JG/T 215-2017	建筑门窗五金件 多点锁闭器	2017/12/7	2018/6/1
3	JG/T 124-2017	建筑门窗五金件 传动机构用执手	2017/12/7	2018/6/1
4	JG/T 213-2017	建筑门窗五金件 旋压执手	2017/12/7	2018/6/1
5	JG/T 130-2017	建筑门窗五金件 单点锁闭器	2017/12/7	2018/6/1
6	JG/T 126-2017	建筑门窗五金件 传动锁闭器	2017/12/7	2018/6/1

2018年7月开始实施的工程建设标准

序号	标准编号	标准名称	发布日期	实施日期
		行业标准		
1	JGJ/T 434-2018	建筑工程施工现场监管信息系统技术标准	2018/1/9	2018/7/1
2	JGJ/T 438-2018	桩基地热能利用技术标准	2018/1/9	2018/7/1
3	JGJ/T 426-2018	农村危险房屋加固技术标准	2018/1/9	2018/7/1

2018年8月开始实施的工程建设标准

序号	标准编号	标准名称	发布日期	实施日期
		国标		
1	GB 50005-2017	木结构设计标准	2017/11/20	2018/8/1
2	GB 51270-2017	镁冶炼厂工艺设计标准	2017/11/20	2018/8/1
3	GB 50477-2017	纺织工业职业安全卫生设施设计标准	2017/11/20	2018/8/1
4	GB50077-2017	钢筋混凝土筒仓设计标准	2017/11/20	2018/8/1
5	GB 51251-2017	建筑防烟排烟系统技术标准	2017/11/20	2018/8/1
6	GB/T 51243-2017	物联网应用支撑平台工程技术标准	2017/11/20	2018/8/1
7	GB/T 51271-2017	住房公积金归集业务标准	2017/11/20	2018/8/1
		产品标准		
1	JG/T 127-2017	建筑门窗五金件 滑撑	2017/12/22	2018/8/1
2	JG/T 214-2017	建筑门窗五金件 插销	2017/12/22	2018/8/1
3	JG/T 128-2017	建筑门窗五金件 撑挡	2017/12/22	2018/8/1
4	JG/T 219-2017	住宅厨房家具及厨房设备模数系列	2017/12/27	2018/8/1
5	JG/T 536-2017	热固复合聚苯乙烯泡沫保温板	2017/12/27	2018/8/1
6	JG/T 541-2017	建筑隔震柔性管道	2017/12/27	2018/8/1
7	JG/T 139-2017	吊挂式玻璃幕墙用吊夹	2017/12/27	2018/8/1
8	JG/T 540-2017	建筑用柔性仿石饰面材料	2017/12/22	2018/8/1
9	JG/T 535-2017	建筑用柔性薄膜光伏组件	2017/12/22	2018/8/1
10	JG/T 251-2017	建筑用遮阳金属百叶窗	2017/12/22	2018/8/1
11	JG/T 539-2017	建筑用不锈钢焊接管材	2017/12/22	2018/8/1
12	JG/T 233-2017	建筑门窗用通风器	2017/12/22	2018/8/1

本期焦点

聚焦全过程工程咨询与项目管理经验交流会

2018年7月3日，由中国建设监理协会主办，贵州省建设监理协会协办的全过程工程咨询与项目管理经验交流会在贵州盘江饭店举行。来自全国有关省市建设监理协会、建设监理分会（专业委员会）和企业共计350多位代表参加了大会。中国建设监理协会会长王早生在开幕式上作重要讲话；贵州省住房和城乡建设厅建筑业管理处处长李泽晖受副厅长杨跃光委托到会祝贺并致辞；中国建设监理协会副会长兼秘书长王学军作了会议总结讲话；杨卫东等十家企业代表在会上作了专题演讲，会议分别由中国建设监理协会副会长兼秘书长王学军和中国建设监理协会副秘书长温健主持。

本次会议旨在贯彻落实《国务院办公厅关于促进建筑业持续健康发展的意见》和《住房城乡建设部关于开展全过程工程咨询试点工作的通知》，推动全过程工程咨询试点工作稳步推进，促进工程监理行业转型升级。会议将围绕不同投资类型的全过程工程咨询或项目管理实践、BIM技术项目管理应用、工程监理企业开展全过程工程咨询服务的优势及探索进行研讨，推动工程监理企业转型升级创新发展。

抓住机遇 务实创新 开启监理行业发展新征程

——王早生会长在全过程工程咨询与项目管理经验交流会上的讲话

2018年7月3日

各位代表：

大家好！我们今天召开"全过程工程咨询与项目管理经验交流会"。会议将探索研讨全过程工程咨询或项目管理实践、BIM技术项目管理应用和工程监理企业开展全过程工程咨询服务。这对提高监理企业服务能力，增强核心竞争力，适应监理服务价格市场化发展需求，推进监理行业可持续发展将具有积极作用。下面我谈几点意见供参考。

一、关于监理行业的发展现状

20世纪80年代，随着改革开放的不断推进，我国工程建设领域诞生了一项新的管理制度——工程监理制度。今年是我国工程监理制度实施30周年，30年来的实践证明，工程监理制度的实施，适应了社会主义市场经济发展和改革开放的要求；推进了我国工程建设组织实施方式的改革；加强了建设工程质量和安全生产管理；保证了建设工程投资效益的发挥；促进了工程建设管理的专业化、社会化发展；推进了我国工程管理与国际化接轨。

二、监理行业存在的问题和挑战

监理事业发展成就显著，但是也存在问题和挑战：

一是监理职责履行不到位，市场恶性竞争等长期存在问题。建设单位对监理制度缺乏认知，最低价中标，甚至恶意压价现象时有发生；部分监理单位盲目追求规模效应，以压低投标报价、恶性竞争等方式获得监理项目，造成监理在实际履约过程中出现人员素质和数量不满足工作需求、技术装备不足、人才流失严重、工作不尽职和履职不到位等状况，监理工作水平提高受到限制，这种恶性循环已经对工程监理行业的发展形成严重制约。部分建设单位在监理招标文件和合同中对监理单位的授权不充分，应赋予的责权不赋予，造成法律法规和合同赋予的监理职责在实际履行过程中错位、缺位和越位。

二是新形势下出现的新挑战。传统的发展理念和发展模式也遇到了严峻的挑战。越来越多的客户需要项目的投资前研究、准备性服务、执行服务和技术援助等，这些都是我们目前的监理企业所不熟悉的领域。行业信息化管理水平不高、科技含量较低、监理工程师专业知识不足、综合协调管理能力不强，这些问题也在制约着我们的发展，导致我们在竞争日益激烈的市场环境中极易丢失先机，处于劣势。

三、全过程工程咨询在促进监理行业发展中的作用

监理行业存在的众多问题和挑战，需要我们加以研究分析，寻找解决办法。全过程工程咨询就是其中的一种路径。发展全过程工程咨询是监理行业适应市场形势发展的需要。

一是市场需求增加。近年来，国际工程咨询服务业发展很快，市场对咨询服务的需求范围越来越广，涵盖了与工程建设相关的政策建议、机构改革、项目管理、工程服务、施工监理、财务、采购、社会和环境研究各个方面。从国外的实践来看，不论是美国的设计 – 招标 – 建造模式和CM管理模式；英国的设计 – 建造模式；或是日本的设计 – 建造模式和设计 – 建造运营模式及PFI模式；新加坡的建筑管制专员管理模式等，其所提供的都是综合性的、全过程的项目咨询服务。理念先进，管理科学，不仅有严格的法律法规体系做后盾，更有健全的诚信自律机制做保障和具备执业能力的优秀人才队伍做支撑，实现了业主投资效益的最大化。随着"一带一路"倡议的持续推进，全球化市场竞争环境不断变化，建设单位需要能提供从前期咨询到后期运维一体化服务的专业化咨询队伍，不论是政府投资的公共建筑、国有企业或私营业主都不可能完全靠自身对项目的前期咨询、勘察、设计、施工及其质量安全进行全面管理，市场的广泛需求也使得监理企业开展全过程工程咨询势在必行。

二是国家政策支持。2017年，《国务院办公厅关于促进建筑业持续健康发展的意见》《住房城乡建设部关于促进工程监理行业转型升级创新发展的意见》等文件，昭示着国家对监理行业的重视，给行业的发展带来新的机遇。2017年5月，住房城乡建设部印发《住房城乡建设部关于开展全过程工程咨询试点工作的通知》（建市〔2017〕101号），40家试点企业，其中工程监理企业16家，这给监理企业创新发展、开展全过程工程咨询提供了有益探索。

我们欣喜地看到，全过程工程咨询虽然还处于试点探索阶段，但是经过近两年的发展，已经取得了显著成绩，16家试点监理企业均已明确并上报试点项目。住房城乡建设部发布试点通知后，试点监理企业确定的试点项目共计67个，部分试点项目成功落地，各项试点工作正在有序推进。试点企业取得的成果给我们带来了信心。

四、监理行业的发展机遇与方向

全过程工程咨询为监理行业的发展提供了新的思路，我们要结合实际努力探索。因为各地的市场形势不一样、发展阶段不一样、企业自身条件不一样。解决监理行业最根本的出路，我认为还是要苦练内功，把落脚点放在提高自身的能力上面。所谓万变不离其宗，无论形势怎么发展，市场怎么变化，只要自身能力够强，就一定能在激烈的市场竞争中找到自己的一席之地。

（一）解放思想，抓住机遇，与时俱进

思想是行动的先导。解放思想，这句话听起来很大，却是做好任何事情的关键。我们有些企业思想趋于保守，看不到形势的变化，或者说看到形势变化了，思想上却仍旧处于守旧的状态，总是想着以前怎样。企业停滞不前的问题常常就出在总想着以前是怎么做的。社会发展日新月异，形势每天都在变化，如果还把自己封闭在以前的思路中，就想应对现时的变化，无异于刻舟求剑。

我们现在在这里交流的全过程工程咨询，其实也就是认识到形势的变化，然后适时作出的改变。全过程工程咨询在国际上是通行做法，但在中国还是个新事物，还要结合中国国情来落地生根，才能开花结果。我们需要不断解放思想，寻找新的突破点。

我们常说这世界上唯一不变的就是变化。随着经济发展进入新常态，新型城镇化建设和供给侧结构性改革的逐步推进，建筑业粗放发展模式已经难以为继，提质增效、转型升级非常紧迫，逆水行舟，不进则退。所以我们必须解放思想，学习好国家的新政策，紧跟形势，与时俱进，从思想深处接纳新理论、拥抱新事物、学习新方法。

（二）苦练内功，提升企业服务水平

1. 牢固树立客户利益至上、质量为先、至诚至信的理念。"客户就是上帝"，监理企业是因业主的需求而存在和发展的，如果忽视了业主的利益，那就是竭泽而渔的做法。质量为先，就不用多说了，监理存在的意义就在于保证工程的质量。我们现在面临的业主不信任、不敢充分授权的问题，很大程度上就是因为我们忽略了业主利益，不能真正保证质量过关。也正因如此，业主才会认为监理企业不够诚信，所以我们不要片面地抱怨业主对我们不信任，还是要多从自身找原因。我们监理企业在建设自己的企业文化时，一定要树立客户利益至上、质量为先、至诚至信的理念，要让每一个员工真正领会其中的内涵，入脑入心，体现到每个项目、每件小事上。

2. 积极学习国内外同行的经验。所谓"三人行必有我师"。我们要看到设计、施工等兄弟行业以及国外工程咨询行业的优点、特长。西方的工程咨询行业发展起步早，有着丰富的经验。国际工程咨询公司都具有建筑或结构设计能力，业务范围基本都包括规划、可行性研究、设计咨询、项目管理、施工管理等广泛、多学科、全过程的专业服务。在座的有能力的工程监理企业要向全过程工程咨询企业转型，研究学习国际先进经验是必要的。有些方法、策略不见得可以照搬全抄，但是对我们现有的发展方式能起到有益的作用，我们不能排斥，要积极学习、吸收。同样，在座的企业为了适应国内日益激烈的竞争环境，也是妙招迭出，所以大家也要相互学习、借鉴。协会也正是出于这样的目的，把大家聚在一起，多交流、多沟通。

3. 建立人才培养的长效机制。目前，企业普遍存在创新动力不足，咨询服务质量有待提高，症结就在于人才匮乏。监理行业是专业化程度较高的行业，需要精通工程建设、投资、合同管理等各方面的专业知识，仅仅依靠监理工程师的自我学习是远远不够的。我们的企业要形成人才培养的长效机制，绝不能靠临时抱佛脚，哪个项目用到哪种知识才想起让员工去学习。要为员工多创造学习条件，有条件的企业可以与高校、科研机构开展合作，为企业员工创造深造的机会，从而促进人才培养，科研成果转化，推动企业建设好人才梯队，实现持续向前发展。

（三）着眼实际，找准自身定位，打造差别化竞争优势

当今世界，市场和形势瞬息万变，企业要生存和发展必须要打造出自身独特的竞争优势。所谓知己知彼、百战不殆。要做到这一点，就要着眼于实际，看清自己，找准自身定位。刚才我们谈到学习和借鉴的重要性，学习借鉴很重要，但是却不能盲从，即便是放之四海而皆准的道理，也要结合自身条件加以改良才能真正发挥作用。所以我们要认清自身的优势和劣势，将国内外的优秀经验与企业实际，以及面临的市场情况结合起来，形成自己独特的经营模式。

全过程工程咨询模式的优点很多，但并不一定适合所有的监理企业，尤其是小型企业。大型企业的优势在于体量大，资金和人员充裕，可通过重组、并购和资产资源优化配置等方式，逐步形成智力密集型、技术复合型、管理集约型的工程建设咨询服务企业。中小型监理企业的优势在于决策迅速，学习能力强，那么就可抓住自己在某一专业方面的优势，做专、做精、做特、做新，为市场提供特色化、专业化的监理服务，将企业打造成为独具专业特色、规模适度、机制灵活、充满生机和活力的新型工程咨询、监理企业。

有为才能有位。习近平总书记指出，中国特色社会主义进入了新时代，我们监理行业要在这个新时代占有一席之地，就要敢想敢为、善做善为。我们要全面贯彻党的"十九大"精神，不忘初心、牢记使命、砥砺前行，不辜负国家、社会的期望，对国家负责，对社会负责，对人民负责，努力实现工程监理行业的持续健康发展。

协会永远是大家的坚强后盾，各位在市场一线拼搏时，一定会有我们的鼎力支持。衷心祝愿建设监理事业兴旺发达，祝大家工作顺利，不断进步和发展！谢谢大家！

王学军副会长兼秘书长在全过程工程咨询与项目管理经验交流会上的总结

同志们：

今天，中国建设监理协会在贵阳召开全过程工程咨询与项目管理经验交流会，协会领导高度重视，王早生会长到会作了讲话，对监理行业在工程建设中发挥的作用给予充分肯定，对监理行业在转型升级创新发展工作中遇到和存在的问题进行了剖析，对监理行业发展提出了要求和对未来发展寄予厚望。会后要认真学习领会领导的讲话精神，运用到实际工作中去。

近些年，随着国家基础设施建设投资加大、专业机构建设项目增加、民营投资进入基础建设领域、"一带一路"建设项目增多等因素，对项目管理的需求在不断增加。项目管理分为全过程或分阶段等不同形式，是以管理、技术为基础，具有与项目管理相适应的组织机构、专业人员，通过提供项目管理服务，为业主创造价值并获取合理收益。

2017年，《住房城乡建设部关于促进工程监理行业转型升级创新发展的意见》（建市〔2017〕145号）提出，鼓励监理企业在立足施工阶段监理的基础上，向"上下游"拓展服务领域。鼓励大型监理企业跨行业、跨地区联合经营、并购重组发展全过程工程咨询。

有能力的监理企业，已经将开展全过程工程咨询或项目管理作为转型升级发展的方向。随着市场的需求和监理企业的发展，有一部分大中型监理企业已经具备了工程咨询和项目管理的能力，有的监理企业已经在做此项业务，积累了成熟的经验。这次会上，上海同济、浙江江南、上海建科、中建卓越、成都衡泰、广州珠江、中咨工程、江苏苏维、西安铁一院、贵州建工10家企业负责人结合各自全过程工程咨询和项目管理实践分别介绍了他们在国内或境外开展工程咨询或项目管理方面的经验和做法。参加交流的企业，项目各异，总结认真，条理清楚，做法各有所长，具有一定的指导和借鉴作用。因为时间关系，还有推荐的17家企业交流材料未能在会上交流。

从交流材料看：大家普遍认为，全过程工程咨询和项目管理是有能力的监理企业转型发展的方向；全过程工程咨询和项目管理优于碎片化工程咨询和项目管理，越早介入效果越好；全过程工程咨询或项目管理与监理一体化服务是较理想的发展模式。并对推动和做好全过程工程咨询和项目管理提出了意见和建议：如尽快出台全过程工程咨询和项目管理有关政策规定及技术服务标准；促进全过程工程咨询工作开展和项目落地；将全过程工程咨询服务费列入工程概算；加强宣传提升市场对全过程工程咨询的认可度；加强人才队伍复合型人才培养提高工程咨询能力；推动造价资质设置适应改革发展需要；解决全过程工

程咨询与"代建"业务重合问题；加强交流平台建设，等等。

这些意见和建议，反映了当前监理行业转型发展面临的困难，有的问题需要行政主管部门来解决，我们将适时反映大家的意见，积极推进全过程工程咨询和项目管理工作的开展。应当说，这次全过程工程咨询与项目管理经验交流会，适应了市场经济条件下监理企业发展的需要，探索了监理企业未来经营发展的方向，拓宽了企业领导人经营视野。如何在主营监理业务的基础上开展全过程工程咨询和项目管理业务。做好全过程工程咨询和项目管理工作，需要我们共同结合市场环境和经验做法进行研究探索。

借此机会谈点个人思考提点希望，供大家参考。

一、行业还处在稳步发展阶段

据统计，2017年年底，全国共有7945家监理企业参加统计，与上年相比增长6.2%。除事务所资质企业减少外，综合、甲级、乙级、丙级资质企业均有不同程度增加。从业人员发展到107万人，比上年增长7.13%；业务承揽合同额3962.96亿元，比上年增长28.47%。其中监理合同额占42.3%，比上年增长19.72%。其他工程咨询服务合同额占57.7%，比上年增长35.74%；财务收入3281.72亿余元，比上年增长21.74%。其中，监理收入占36.12%，比上年增长7.3%。其他工程咨询收入占63.88%，比上年增长31.78%。从收入情况看，收入过亿元的有174家，比上年增长12.26%。从收入前100名企业看，主要分布在北京、上海、广东、四川、江苏、浙江、湖南、河南地区。从统计数字看，行业处在稳定发展阶段。但是，出现人员增长率低于业务合同额增长率，说明监理人员还是供不应求；财务收入增长率高于从业人员增长率，说明监理人员待遇应当有所提高；业务合同额增长2位数，监理占将近一半，说明今年监理服务任务还很重。

二、制约行业发展的主要矛盾

影响监理行业发展的矛盾很多，但是我个人认为有两个矛盾比较突出：即责权利不对等的矛盾和监理服务质量与需要之间的矛盾。

责权利不对等矛盾，即责任大、业主授权不充分、服务费用低，这一矛盾主要方面不在监理队伍，因此解决矛盾的主动权不在监理。但是在成本价方面行业协会和监理企业可以有所作为，关系到监理服务取费。有关招投标文件规定，禁止低于成本价恶性竞争。什么是成本价，通行做法是人工成本＋企业管理费＋税金，每个监理企业要有自己的成本价，行业协会可在企业成本价的基础上形成地区监理服务计费规则，供市场参考。

监理服务质量与需要之间的矛盾，是指政府、业主对监理服务质量的需求与监理不能满足这种需求之间的矛盾，这一矛盾的主要方面在我们。引起这一矛盾有客观原因，也有主观原因。客观原因是监理范围无限扩大、监理门槛高、人员匮乏，监理队伍发展跟不上国家建设发展速度。主观原因是我们部分监理企业盲目扩大业务量、以项目数量求经济效益，导致监理人员和素质与合同约定脱节，服务质量下降，造成业主不满意和政府不放心。监理服务质量与市场需求之间的矛盾不解决，监理行业就难以健康发展。

监理企业负责人要牢固树立事业心，走以质量求效益的发展道路。不要盲目扩大经营规模，不要承接低于成本价的工程项目，一旦承接了，就要认真地承担起建设方委托的职业责任和法规赋予的社会责任。监理人要有责任感，要尽心负责地履行监理职责。要充分认识到我国正在向法治国家迈进，完全成为法治国家还需要时日；我国市场经济是社会主义市场经济，也就是政府宏观调控的市场经济。因此，我们监理人要树立大局意识，正确认识制约行业发展的矛盾，努力提高自身的能力和水平，积极促进矛盾转化，推进监理事业的健康发展。

三、行业发展要树立四个自信

四个自信：即制度、工作、能力、发展方向自信。

监理制度自信，我们要认识到中国建设监理制度，是吸收国外工程管理经验结合中国国情而建立的中国特色的工程管理四项制度之一。监理制度较好地解决了工程建设投资无底洞、工期马拉松、质量难保证的问题。这项制度经过30年的实践，证明监理在履行"三控两管一协调"职责，保障工程质量和法定安全责任方面发挥的作用是不可替代的。尤其是近些年，国家处在快速发展时期，在建工程项目多，技术难度大，复杂程度高，在国家法制不健全、社会诚信意识不强的环境中，监理制度有效地保障了工程质量安全。因此无论是从法规保障，还是从现实需要来看，监理制度是不可或缺的。因此，我们要坚持监理制度自信。

监理工作自信，监理制度建立30年来，从鲁布革水电站建设到京塘高速公路建设、从亚运会场馆建设到奥运会场馆建设、从住宅到商用房、从地铁到高铁、从公路到桥梁、从休闲娱乐建筑到标志性建筑，国家建设此起彼伏，城市面貌日新月异。监理人按照监理合同约定和法规赋予的责任，发扬业务求精、向人民负责、坚持原则、勇于奉献、开拓创新的精神，较好地履行了监理人的职责，有效地保障了工程质量和较好地履行了法定的生产安全责任，取得了举世瞩目的成绩。因此，我们要坚持工作自信。

监理能力自信，监理工作是一项技术和管理相融合的工作，不仅要懂专业技术，而且要有管理能力，不仅智商要高，情商也要高。我们监理公司的负责人绝大多数是具备较高工程咨询和管理能力的行业精英。2014年至2017年，执业的注册监理工程师从13万人发展到16万余人，在监理的项目数从29万个发展到48万个，平均1名注册监理工程师要负责3个项目。因此，大部分专业监理人员1个人要顶几个人用。而且现在的项目往往是投资大、技术难度大、复杂性高，在人员极度匮乏的情况下，能够保障在监理项目的质量安全，应当说监理人员的能力得到了充分的展现。因此我们要坚持能力自信。

监理发展方向自信，建设工程咨询市场的需求就是我们的发展方向。我认为，施工阶段的监理需求仍然是旺盛的，主要原因是强制监理规范，其次是监理的责任转移比较难，再次是民营投资商从自身利益出发选择监理，目的是保障自身利益不受损害。我们监理就是监督施工单位按技术规范要求完成建筑产品，在法制不健全、社会诚信意识不强的环境中，这种监督无疑是建筑产品质量安全强有力的保障措施。因此，我们一定要坚持做专做精做强施工阶段监理，这是监理队伍的主要工作，也是监理制度的基石。政府部门推动监理行业转型升级创新发展，提出全过程工程咨询服务。我认为，转型就是有能力的监理企业向全过程工程咨询和项目管理方向发展，项目管理市场已培育了十多年，有的企业做得比较好，也积累了一些成功的经验。升级就是要提升监理信息化管理水平和智能化监理能力（如遥控无人机、手机APP、监控设备等在监理中的应用）。工程咨询服务与项目管理服务是监理咨询服务的不同形式，工程咨询侧重于技术服务，项目管理侧重于现场管理服务，二者都是为业主服务的，侧重点不同，但目标是一致的，都是受业主委托对项目进行管理。能力较强的监理企业，应当视野更开阔，紧跟中央"一带一路"倡议，走出国门，将中国监理标准推向世界。因此，我们要坚持发展方向自信。

同志们，通过今天的交流，相信会对大家能有所启发，对全过程工程咨询和项目管理工作开展会起到一定的促进作用。今年正值监理制度建立30周年，希望大家以此为契机，正确认识建设组织模式变更，乘势转型升级创新发展，走诚信经营道路，认真履行职责，以监理为基础做好全过程工程咨询和项目管理工作，树立监理良好形象，为保障工程质量贡献我们的力量。

谢谢大家！

发言摘要

编者按

在贵阳召开的全过程工程咨询与项目管理经验交流会上,上海同济工程咨询有限公司董事长杨卫东及其他共十家企业代表在会上作了专题演讲。

某银行总部大楼全过程工程咨询实践体会

上海同济工程咨询有限公司　杨卫东

上海同济工程咨询有限公司董事长杨卫东通过某银行总部大楼全过程工程咨询服务的实践,阐述了建设工程项目全过程工程咨询在决策及实施阶段的主要咨询服务内容。全过程工程咨询强调智力性策划、集成化管理,通过对策划方案进行技术经济分析论证,为委托方投资项目决策和实施过程管理提供增值服务。同时指出全过程工程咨询本质上是一个"1+X"的工程咨询服务体系,是建设领域切实可行的组织管理模式,值得总结和推广。

全过程工程咨询企业能力建设与实践

浙江江南工程管理股份有限公司　李建军

浙江江南工程管理股份有限公司董事长李建军从江南管理全过程工程咨询能力建设的探索与实践出发，系统探讨能力建设的市场开拓能力、品牌影响力、人才集聚力、资本运作能力、技术研发能力、风险管控能力、资料整合能力等七个方面，总结工程监理企业转型开展全过程工程咨询的优势。同时，建议企业应相互学习借鉴、取长补短，共同致力于能力建设与实践，打造全过程工程咨询的中国标准，向国际市场输出中国模式。

基于价值链的全过程协同增值咨询服务探索

上海建科工程咨询有限公司　周红波

上海建科工程咨询有限公司副总经理周红波分享了公司对实施全过程咨询的总体思路是以全过程项目管理为基础，重组各阶段服务内容和流程、丰富全过程咨询的内涵；以项目运维为导向，应用数据信息手段，强化专业咨询，实现项目增值的总体目标。同时提出全过程工程咨询成功实施的核心，是要打通以往碎片化的咨询服务模式、理顺组织关系，更重要的是通过专业化的服务为建设项目实现增值。

找准市场定位　拓宽服务范围　提升集成服务品质

中建卓越建设集团　梁思军

中建卓越建设集团执行副总裁梁思军以"南通通州湾 5GW 光伏电池项目"的全过程工程咨询实践为案例，分享在项目实施中的体会。该项目采用组织集成和工作集成，以项目价值最大化为导向，从单业务咨询、单专业对接，拓展到跨专业协同的深度融合与提升。实行"监理+X模式"管理，发挥以往监理优势，在工程进度、投资控制方面，监理团队与造价团队无缝对接、提前沟通、做好预控，使人力资源发挥了最大的动力和效率，提高业主满意度。

全过程工程咨询优势原理在九寨鲁能中查沟一期工程中的应用

成都衡泰工程管理有限责任公司　杨旺

一种新的工程管理模式要有长久的生命力，必定有其内在的工程逻辑和优势原理，例如带来更高的质量水准，或带来更好的经济效益。成都衡泰工程管理有限责任公司首席技术官杨旺结合九寨鲁能中查沟一期工程的全过程工程咨询实践，从"搭接共享，快启增益""全局视角，整体提高""权责集中，便于管理""BIM 技术，契合相成"等四个方面，分析总结了全过程工程咨询相对于分段咨询模式的优势。同时还分享了自己对于开展全过程工程咨询的若干思考。

全过程工程咨询的实践与探讨

广州珠江工程建设监理有限公司　黄庆辉

国家推行全过程工程咨询，对监理行业是重大机遇，有利于扭转当前监理行业的不利局面，确定监理行业在工程管理咨询服务方面的主导地位，有能力的监理企业必须有充分准备，集聚高端管理人才，制订管理标准文件，提高管理能力，才能"勇立潮头"，取得进步。

广州珠江工程建设监理有限公司副总经理黄庆辉，以金控总部大楼等项目为案例，介绍了该公司开展全过程工程咨询的经验，并对监理行业开展全过程咨询的优势和不足进行探讨，利用监理行业多年积累的实际运作经验、人力资源、技术等优势，迅速进入角色开展工作。

基于 BIM 技术的全过程工程咨询初期实践简报

中咨工程建设监理有限公司　梁明

在传统建设模式下，项目管理的阶段性、专业分工割裂了建设工程的内在联系。由于缺少全产业链的整体把控，易出现信息流断裂和信息"孤岛"，使业主难以得到完整的建筑产品和服务。

中咨工程建设监理有限公司 BIM 技术负责人梁明以 OPPO（重庆）智能生态科技园项目的 BIM 技术应用为例进行总结，通过全过程工程咨询服务模式，辅助运用 BIM 等信息化手段，与传统模式相比，有利于整合各阶段工作内容，节约投资成本、加快工期进度、提高服务质量以及有效规避风险。

全过程工程咨询在扬州戏曲园项目中的实践与应用

江苏苏维工程管理有限公司　卢敏

运用集成管理的思路，有效整合社会资源，提高项目建设的综合价值，发挥全过程管理单位多资质、多人才、多社会资源的综合管理能力，才能充分体现全过程工程咨询在项目建设中的作用与成效。

江苏苏维工程管理有限公司总经理卢敏，通过扬州戏曲园项目的实践，对全过程工程咨询进行了积极的探索和研究，提出全过程咨询项目的基本模式，分阶段介绍了实施全过程工程咨询，在策划、计划、管理和运作方面的成功经验。

秘鲁利马和卡亚俄地铁 2 号线和福西特大街 – 甘贝塔大街支线特许权综合监理实践与探索

西安铁一院工程咨询监理有限责任公司　杨南辉

西安铁一院工程咨询监理有限责任公司总经理杨南辉，通过中方公司作为国际监理联合体各方之一对"秘鲁利马和卡亚俄地铁 2 号线和福西特大街 – 甘贝塔大街支线特许权综合监理（全过程工程咨询）项目"的全面参与，从设计阶段、施工阶段、验收阶段直至保修期的服务依据、内容、方式与工作成就等方面对全过程工程咨询服务进行了阐述，从中分析了在中方监理企业在涉外项目的全过程咨询服务中的优势与不足，以及对今后发展的思考与建议。

全过程工程咨询实践与思考

贵州建工监理咨询有限公司　张勤

贵州建工监理咨询有限公司董事长兼总经理张勤，从政策导向、公司转型步骤等方面介绍公司对全过程工程咨询服务的认识和实践，从工程准备阶段、实施阶段（基于 BIM 的项目管理流程）等方面对公司的贵定烟厂易地技改项目的项目管理实践进行总结分析；通过结合项目管理、监理、造价、BIM 这四项工程咨询服务内容，公司在项目建设的进度、造价、质量安全管理等方面取得了较好的效果。

上海玉佛禅寺古建筑修缮技术和监理施工管理

孙康

上海建科工程咨询有限公司

> **摘　要**：上海玉佛禅寺始建于1882年，现位于上海市普陀区安远路170号，作为上海旅游的十大景点之一，它虽地处繁华的市区，却又闹中取静，被喻为闹市中的一片净土。目前，玉佛禅寺正在进行史上最大规模的修缮，玉佛禅寺将由原先的"家宅式"寺庙升级为"传统江南寺院"格局。由于影响古建筑修缮的要素繁杂多变，因此，对修缮施工技术与施工管理有着特殊要求。本文通过分析上海玉佛禅寺修缮原则，针对其修缮工艺及施工管理要点进行探讨，通过本文的阐述为提高古建筑修缮质量，促进古建筑修缮技术的进一步发展提供理论参考。
>
> **关键词**：修缮　古建筑　施工技术　施工管理

引言

古建筑修缮是在保留原有建筑风貌的基础上，严格按照原始材料、尺寸及工艺进行维修的项目。[1] 文物保护工程必须遵守不改变文物原状的原则，全面地保存延续文物的真实历史信息和价值，按照国际、国内公认的准则，保护文物本体以及与之相关的历史、人文和自然环境。修缮古建筑不同于对新建筑的修建和装修，有其工作的特殊性，施工管理的主要原则就是最大限度地还原和保持现状。因此，必须利用科学的方法维持其原状并且保证不被损害其原有的价值，这是修缮古建筑施工管理的核心思想。上海市房屋质量检测站和上海现代建筑设计集团有限公司房屋质量检测站，分别于2011年12月和2012年8月，对玉佛寺大雄宝殿、天王殿进行了房屋质量检测和测绘，检测报告显示寺内的天王殿、大雄宝殿等优秀历史建筑，已经发现虫蛀、开裂、变形等安全隐患，表现为木结构开裂、屋面缺损、管线老化等，同时天王殿的部分柱子已发生倾斜，其中最大倾斜度已经超过了建筑安全要求，玉佛楼也发生了一定程度的倾斜。而且玉佛禅寺周边大量高层建筑的建造，也加剧了地面沉降，使这座百年寺院建筑的抗震能力有所减弱。修缮内容包括东西厢房、玉佛楼拆除重建，除地下室采用钢混结构、法物流通处和综合楼采用钢包木结构外，主要殿堂、回廊均为传统的纯木结构，屋面铺设仿古铜瓦；保留天王殿、大雄宝殿两座建筑。

一、工程简介

（一）项目组成

本工程位于上海市普陀区安远路170号。本次改建范围为玉佛寺前院[2]，前院现有占地面积约为7800m²，建筑面积9580m²。经修缮后项目为地下1层、地上1~2层，总建筑面积5788m²。包括纯木结构、钢木混合结构和混凝土结构共21个单体。上海玉佛禅寺修缮

图1 上海玉佛禅寺修缮前鸟瞰图

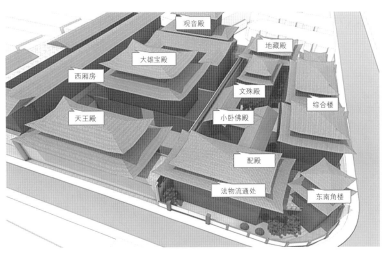

图2 上海玉佛禅寺修缮后效果图

前鸟瞰图和修缮后的效果图分别如图1、图2所示。

（二）工程特点、难点

上海玉佛禅寺属于历史保护建筑，古建筑修缮的施工工艺复杂、专业性较强，修缮后的结构类型较多、较复杂，并且修缮期间要保证寺院对外开放和正常宗教活动不停，对于这样一个复杂的古建筑群，总结了以下三点工程特点、难点：

1. 制作精细，拼装严密

木结构古法营造，全部采用榫卯连接的古建施工工法[3]，新建木结构和钢木混合结构完成后仍保持原有飞檐斗拱的明清风格。

2. 对外开放，施工管理难度大

本工程改建期间寺庙对外正常开放，作为沪上第一礼佛宗教场所，施工期间除要确保历史建筑和礼佛人士及周边公共交通环境等安全外，所有施工人员应尊重寺庙内各种宗教礼仪、戒规、禁令，文明施工。

3. 专业性强，技术要求高

大雄宝殿通过整体托换、平移、抬升方式实现保护优秀历史建筑保护，专业性强，技术要求高。

二、关键技术监控

（一）纯木结构施工技术

木构件全部采用缅甸柚木制作加工而成，参照古建筑《营造法式注释》《营造法原》工法施工，采用榫卯连接做法，保证结构体系中的各构件可靠连接、受力合理。安装时"对号入座"，建成后"修旧如旧、建新如旧"。

本工程纯木结构为仿明清建筑，形式主要有单（重檐）歇山式、悬山式和攒尖式建筑，主要包括殿堂、角楼、连廊、梁、柱、板等，木构件材料为柚木，根据木结构"先内后外，先下后上"的基本原则。木构件安装应遵循以下流程：

1. 对号入座，严格按照构件上标志号进行安装。

2. 先内后外，先下后上。

3. 下架装齐，验核丈量，吊直拨正，牢固支戗。

4. 上架构件，顺序安装，中线相对，勤较勤量。

掌握木构件安装的程序后，注意每一个环节，每一个构件的安装质量必须符合规范要求，做到环环相扣，步步过关。

（二）木包钢施工技术

钢木混合结构施工技术属于土木工程建设工作中的一项新技术。东厢房中综合楼和法物流通处这两个单体的主体结构为钢结构，保证其稳定性，在主体结构的外围包上木构件，将其古建筑风格表现出来。两个单体的钢构件制作质量优良，在钢结构安装施工中，几乎所有的构件采用了原孔装配。在钢结构外立面木构件安装过程中，采用的木构件与钢结构之间可谓是严丝合缝。钢木混合结构施工技术，既有对原有施工技术的继承和提升，又有对新技术领域的开拓和创新。本项施工技术的工艺流程如图3所示。

（三）仿古铜瓦屋面施工技术

铜瓦、脊饰全部采用铜作为原料，运用现代工艺技术，用模具冲压定型，在表面喷涂氟碳漆，外观达到近似传统黏土烧结小青瓦效果。[4]在屋面望板基层设置连接件，采用焊接工艺进行铜瓦、脊饰等构件的安装。最终铜瓦屋面仍保持古建小青瓦屋面美观、质朴的风格和防雨的特点。

（四）大雄宝殿平移、顶升技术

大雄宝殿是上海市优秀历史保护建

图3 木包钢施工技术

筑,根据现场勘查情况和房测报告,大雄宝殿主要梁柱保存尚可,因此此建筑的修缮措施为不做落架解体的一般性修缮。整体采用向北平移30.66m,抬高1.5m后加固修缮。[5] 总体施工工艺顺序如图4所示。

1. 研究目标

(1) 为公司以后古建筑移位工程管理工作的开展提供技术支撑

通过本课题的研究,掌握古建筑移位工程的关键技术,深入对古建筑移位技术的专题理论研究,逐步提高对古建筑移位工程的管理水平,尽量降低建筑物移位的工程成本,总结、完善古建筑移位技术,为古建筑移位施工提供技术指导。

(2) 为设计院开展古建筑移位技术的专业研究,培养古建筑移位专业技术人才奠定基础

通过本课题的研究,搜集国内外关于古建筑移位工程的有关信息,建立古建筑移位工程案例库,时刻掌握业界的相关动态;倡导开展古建筑移位技术的专业研究,培养古建筑移位专业技术人才,加强行业内的经验和技术交流,促进行业标准化发展,使古建筑移位技术逐步走上规范化、程序化的道路。

(3) 为公司业务拓展和扩大专业领域奠定基础

通过本课题的研究,以及示范工程的应用,积累古建筑移位工程控制技术和管理经验,为公司以后拓展古建筑移位工程管理工作和扩大专业领域提供技术支撑和实践指导。

2. 研究内容

(1) 古建筑移位工程调查及移位工程案例库研究

通过网络调研和走访调研的方式,调查和收集国内外古建筑移位工程案例,概述古建筑移位的分类,建立古建筑移位工程案例库。

(2) 古建筑移位关键技术的梳理与研究

通过对施工工艺的探讨,谨悉施工方案,了解掌握图纸所描绘的各项材质、构件尺寸、细部构造及施工要求,明确目标,从而梳理古建筑移位工程技术中结构托换、制作移位轨道、移位加载和就位连接等关键施工环节,对古建筑移位施工设计的技术可行性分析和施工方案进行深入的探讨和研究。

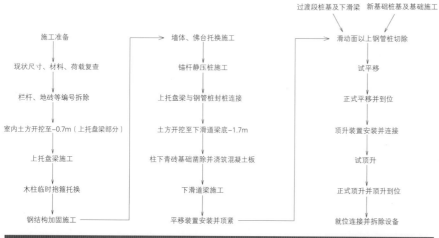

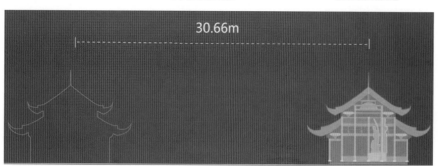

图4 大雄宝殿平移、顶升示意图

三、监理管控措施

（一）加强队伍建设，提升自身业务水平

本工程木结构构件数量多、拼装节点多，监理要熟悉每一张图纸、每一个节点详图，对所有施工图纸、图集标准理解透彻，熟悉掌握，避免设计交底施工单位几页纸、监理单位几行字现象；加强对古建规范、施工方案的学习和深入了解，关键施工方案审批确定后，监理要了解方案工艺，掌握关键技术控制要点；请华东设计院古建建筑设计师讲解寺庙建筑风格和施工要点，请上海佛教协会宗教人士讲解木结构营造技术法则等。

（二）细化监理工作，注重细节管理

重要节点图纸做到节点图纸上墙；成立关键技术监控研究小组；部分木结构采取保护性拆除，改建后保持原有风格。拆除的木构件及屋面瓦当、滴水、望砖等材料测量、编号和存放，监理要全程参与统计及复核，工作要绝对细致；寺庙有戒荤，严禁抽烟和随地大小便，严禁酗酒及打斗、大声喧哗、衣冠不整和损坏花草树木等八项戒规禁令，监理对工人要"管头管脚"，对施工单位运用合同手段，遵从寺庙方八项戒规禁令，违者一次按项目相关处罚条例罚款，违者两次加倍处罚，违者三次取消合同中人工费补偿。

（三）重视源头质量控制，实行"红黄牌"挂牌制度

工厂构件加工和构件进场验收实行红黄牌挂牌制度，挂黄牌表示准予出厂、可以使用；挂红牌表示返工或退场处理；木结构构件数量多、种类多、节点多，拼装精度控制在1~2mm，监理短期驻场和不定期飞行检查；缺陷修补、木材处理（防虫、防腐、防火）、油漆，每个环节监理均按批次隐蔽验收；凡是构件加工和油漆不符设计要求以及外观存在缺陷的，一律返厂，重新制作。

（四）过程中采用"站桩式"质量控制

工艺要求木结构安装要勤校勤量，过程中边安装、边校核、边调拨固定，构件之间层层相连、环环相扣。监理全程参与质量控制与检查，实行"站桩式"质量监控。做到现场有安装，则必有监理当班。

（五）关键工序交接实行总工"会签制"

关键工序交接五方参与，最终验收由各方总工（技术负责人）确认签字。如大雄宝殿平移涉及托换、平移、顶升、加固四道工序，每道工序严格执行交接验收制度，确保上道工序检查合格方可进入下道工序施工，做到"万无一失"。

（六）针对工程特点开展监理检查验收工作（图5）

四、结束语

综上所述，通过前阶段监理实践，积累了一定的类似优秀历史保护建筑工程管理经验、管理思路、管理方法和监理监控要点。掌握传统修缮技艺的要点，对每一个环节都强调细节，精益求精，选用恰当的方法和手段，对特殊部位和关键工序予以足够的重视，精心做好施工管理，做好质量目标的控制，一定能做好古建筑修缮工作。

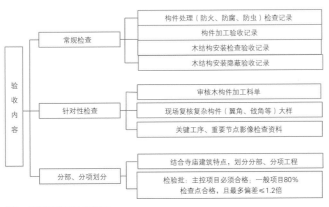

图5 监理检查验收内容图

参考文献

[1] 李建文.浅谈古建筑修缮技术和施工管理[J].建筑技术，2011-23.
[2] 赵华英,叶红华,赵冠一,等.上海玉佛禅寺修缮与改扩建工程中的BIM技术拓展应用[J].土木建筑工程信息技术，2014,6（1）：101-105.
[3] 高龙云.古建筑修缮技术和质量监控的实践体会[J].建设监理，2007-12.
[4] 赵漪.新型铜屋面瓦施工技术在仿古建筑施工中的应用[J].建筑工程，2015-18.
[5] 姜丽钧.百年玉佛寺月底启动最大规模修缮：大雄宝殿向北平移30米[N].东方早报，2014-07-09（002）.

杨房沟水电站EPC模式下的监理工作初步实践

王国平

长江水利委员会工程建设监理中心

> **摘　要**：杨房沟水电站位于四川省凉山州木里县境内的雅砻江中游河段上，是雅砻江中游河段一库七级开发的第六级，是国内首个采用设计施工总承包模式建设的百万级水电站，总装机容量150万kW。本文通过分析杨房沟水电站总承包项目监理的特点、重点和难点，介绍了监理采取的措施，管理成效初步显现。
>
> **关键词**：EPC模式　监理工作　措施　困惑

2016年1月，国内首个采用设计施工总承包模式的超百万千瓦装机的杨房沟水电站开工建设。长江委监理中心·长江设计公司联合体有幸承担了该总承包工程的监理工作。自2016年1月监理机构进场以来，我们依据工程建设法律法规和总承包监理合同、设计施工总承包合同，经过10个月监理工作的开展，对杨房沟水电站总承包建设的监理思路逐渐清晰，管理成效初步显现。但对大型水电工程总承包设计施工监理方式仍存在一些困惑，在此与大家进行一些交流。（以下简称"长江委监理中心"）

一、杨房沟水电站设计施工总承包项目概况

杨房沟水电站位于四川省凉山彝族自治州木里县境内的雅砻江中游河段，为一等大（Ⅰ）型工程。工程枢纽主要建筑物由挡水建筑物、泄洪消能建筑物及地下引水发电系统等组成。杨房沟水电站的开发任务为发电，电站总装机容量为150万kW。

杨房沟水电站总承包是在项目前期工程（包括场内外道路、供水、供电、砂石系统一期和导流洞工程）基本完工条件下招标的，其范围主要包括杨房沟水电站施工辅助工程、建筑工程、环境保护工程和水土保持工程、机电设备及安装工程、金属结构设备及安装工程等的勘测设计、采购、施工、试运行、发包人移交总承包人执行的项目以及合同约定的其他相关工作。本项目2016年1月1日开工，2016年11月15日前大江截流，2021年11月30日前首台机组投产发电，2023年6月30日前合同工程完工，2024年12月31日前工程竣工验收完成。

工程质量要求一次性通过达标投产验收，确保获得电力优质工程奖，争创国家级优质工程奖。安全标准化建设达到一级标准，项目信息化程度达到国内同类工程先进水平。

二、杨房沟水电站总承包监理工作初步实践情况

（一）监理范围

业主委托总承包监理范围为杨房沟水电站总承包项目的勘测设计、采购、施工、安装、试运行、竣工验收和缺陷责任期全过程监理。

（二）项目监理特点、重点和难点

杨房沟水电站总承包项目监理具有一大特点、两大关键点和三大重点、难点。

1. 一大特点：为国内首个采用设

计施工总承包模式的大型水电工程。杨房沟水电站大坝高155m、装机150万kW，为一等大（1）型工程，工程规模大、建设周期长、隐蔽工程多，质量安全要求标准化、信息化，工程建设管理难度大，没有成熟的管理经验可以借鉴，而我们只能成功不能失败，可以说给监理工作带来了新的、更大的挑战和更高的要求。

2. 两大关键点：设计施工总承包监理相较传统的施工监理模式，多出设计审查（监理）和采购方面的监理工作。而设计审查（监理）、材料与设备采购监督管理在一定程度上又关系着工程建设的成败，这对监理人综合业务能力的要求更广、更高。

3. 三大重点、难点：

（1）EPC总承包条件下的工程质量安全管控，为监理工作重点、难点之一。

总承包合同与传统单价合同的最大不同，形象地讲，建筑工程是由原来的从业主口袋掏钱变为从总承包人口袋掏钱。为此，总承包人为实现其经济利益的最大化，与监理机构在工程质量安全管控和工程进展上的矛盾将更为突出，监理机构对工程质量控制和施工安全监督必为监理工作的重点、难点之一。

（2）隐蔽工程质量控制更是监理工作一大重点、难点。

工程量和材料、设备消耗变化直接影响总承包人的施工成本，在EPC合同模式和目前水电工程市场环境下，对隐蔽工程施工质量控制，尤其是灌浆工程质量控制，带来了更大的难度，为监理工作重中之重。

（3）EPC总承包合同价格风险，可能对工程质量、进度和施工安全造成较大风险，为监理工作的又一难点。

一方面，我国水电工程建设项目的设计施工总承包制度还不够成熟，EPC总承包合同，总承包人承担的风险远大于传统单价合同的风险；另一方面，对杨房沟水电站而言，尽管前期设计已达到招标设计深度，总承包人需承担除合同条款约定的价格调整外的各种风险因素，但由于大型水电工程建设的复杂性，若出现超出总承包人可承担的风险情况，以致总承包项目未达到其盈利目标或出现亏损，将对工程质量、进度和施工安全造成较大风险，为监理工作的又一难点。

（三）监理措施

针对上述项目监理特点、重点和难点，我们采取了如下措施：

1. 建立与监理合同要求契合的监理机构

按照总承包合同对质量安全和监测的严要求，现场监理部除设置分管设计、质量、安全的副总监外，还设置独立的设计管理处、质量管理处、安全环保监理处、安全监测监理处，直接负责工程设计、工程质量、安全和监测的专业管理，以形成项目监理处横向展开、专业监理处纵向控制的"双控"机制。

2. 以设计管理工作为龙头

（1）组建强有力的技术支撑团队

长江设计公司拥有一批以院士、大师为代表的水利水电行业专家，并形成了理论基础扎实、设计技术过硬、工作作风优良的人才团队。我们从长江设计公司技术委员会中遴选院士、勘察设计大师和相关专业的专家组成技术经济委员会，为高水平完成杨房沟水电站设计施工总承包监理各项技术和咨询工作提供重要的技术支撑。

（2）建立健全设计管理制度

结合投标文件澄清、合同交底相关要求以及专题技术审查流程沟通会成果，通过多次技术审查制度沟通讨论，建立了设计管理制度。依据总承包合同，通过制度来细化工作流程，做到有章可循、有章必循，较好地促进了各项勘测设计和设计审查（监理）工作。

（3）以设计质量和设计变更（优化）控制为核心，采用全过程参与、分阶段审核及必要的复核验证的方式开展设计审查（监理）工作

在工程前期勘察设计成果及总承包人设计投标方案的基础上，分阶段、分部位、分专业对勘察设计及科研任务进行分解，从任务策划、初步成果审核到最终成果确认，再到实施效果全过程参与，并及时了解施工进度和实施效果，必要时督促总承包人设计方进行必要调整。

（4）以重大技术方案审核为重点，提高设计审查（监理）工作成效

本工程为一等大（1）型工程，又为国内首个大型水电工程EPC合同模式项目，设计审查（监理）工作量大。承担本工程勘察设计任务的是国内知名的水电勘测设计研究院，具有较强的勘测设计研究水平，设计审查（监理）工作在兼顾一般性设计方案的同时，重点是研究及审核与工程施工运行安全、工程效益发挥、工程进度及投资控制等密切相关的重大技术方案，充分发挥长江委监理中心的技术和人才优势，对工程重大技术方案进行研究审核与咨询，并按合同规定提请发包人组织上级主管部门开展咨询和审查。

（5）加强与总承包人设计方的沟通联络，强化设计成果过程控制

水电工程勘察设计研究工作具有很强的经验性和实践性，总承包人设计方是承担工程勘测设计和科研工作的主体，设计审查（监理）需与其进行充分的沟通和交流，做到优势互补、经验共享、相互支持配合，建立良好的沟通机制，强化设计成果过程控制，不断提高设计质量和监理工作效果。

如在设计变更审查流程中，在通过现场查勘、日常沟通、例会协调的基础上，引进了设计变更预审流程，即要求设计方在编制变更文件前需在设计监理例会上提出变更意向，并经预审通过后再正式上报变更文件，以提高工作效率。

（6）发挥专家评审作用

依靠总承包项目及其工程技术委员会、监理部及其技术经济委员会、雅砻江公司咨询委员会、各部门、流域内部专家、杨房沟管理局等各方技术力量，目前完成了多维建筑模型BIM规划、鱼类增殖站设计、高线混凝土生产系统设计、旦波崩坡积体设计调整、地面开关站设计调整、装机容量调整，以及截流模型试验、规划设计报告、施工组织设计等方案技术把关，使得方案更加可靠、合理。针对技术审查中存在的问题、争议，通过深入沟通，充分交换意见，及时将问题和争议合理解决。

（7）严格设计服务考核

遵循"有奖有罚、奖优惩劣"的原则，业主在总承包合同文件中就明确约定了奖罚标准和开展季度考评的方式。通过季度考核，及时将现阶段已开展的设计工作进行总结，并对存在的问题进行通报，为合同奖罚提供基础条件。以合同为依据，建立合同规矩，正确使用合同手段，才能更好地保证总承包人提升合同履约意识，以保证现场设计人员投入、提升设计产品和服务质量。

3. 质量控制和安全监督措施

监理机构视工程质量安全为工程的生命，贯彻落实"安全为天，质量为命"的方针，坚持以合同为依据，以把控设计审查（监理）工作为龙头、以解决工程技术问题为先导、以施工安全为基础、以工程质量为保证、以工程进展为主线、以监理信息系统数据分析成果为依据、以合同支付为手段，以主动控制为主、被动控制为辅，两种手段相结合的机制，实行"目标预控、过程监督、及时反馈、持续改进"的质量安全控制方针，实现工程创优的目标。

（1）秉承打铁还需自身硬的作风：一是保证监理人员自身业务素质、职业道德素质和认真严谨的敬业素质；二是建立健全监理质量内控体系，按章办事，严格执法；三是在监理机构实行"竞争、约束、激励、淘汰"机制的基础上，依据"能力、授权、责任、利益相一致"的原则，对进场监理人员实行"岗前培训、考评定级、分级授权、挂牌上岗"和"责任追究"制度；四是强化监理人员廉洁自律管理，建立"全员防腐"责任体系。

（2）实施质量双向控制模式：对工程质量实行质量管理处纵向管理、项目监理处横向展开的"双控"模式和实行"承包人自检""监理平行检测"，以及承包人"全面检测"和监理机构"针对性检测"的"过程双控"制度。

（3）以工序质量控制为核心：以工序施工质量标准化建设为主导，强化工序质量承包人自检（自律）管理，建立各项目、各专业监理部领导牵头、工程参建方参与的现场巡视检查和通报制度，从细、从严、从实做好质量控制闭环工作，达到施工质量的全过程控制。

（4）执行关键岗位人员合同资质认证和跟踪考核评价制度：工程开工

后，监理部依据合同文件，针对关键技术（管理）岗位的质检、试验检测、测量、安全监测与物探检测和安全员进行专业施工技术（管理）人员合同资质认证，并制定、印发了相应专业合同资质认证人员职责履行跟踪监督和评价办法，每月进行跟踪考核评价。

（5）以信息化、可视化手段，建立客观、科学的质量监控和可追溯系统：充分利用总承包按照合同约定建设的总承包项目多维建筑模型（BIM）系统、视频监控系统和监理机构自身配备的信息终端设备，对施工质量安全实时监控和信息化管理。

（6）重奖重罚：按照合同约定，针对枢纽工程关键节点、关键项目目标、机组投产发电、提前发电、机组安装质量、投产运行、创国家优质工程、安全管理、质量管理设置重奖、重罚标准；细化人员、安全、质量、环保水保、进度、资金等管理要求和违约处罚约定，并严格执行。

三、大型水电站总承包监理工作的思考

杨房沟水电站设计施工总承包开工建设10个月来，通过工程参建各方的努力，工程设计质量管理有效可控，施工质量安全标准化建设初见成效，工程质量、安全和进度目标受控，信息化建设稳步推进，但总承包人与监理、业主在质量安全管理上的矛盾和分歧也较集中，认为监理、业主在质量安全管理上"管得宽、管得细、管得严，检查多、处罚多、停工多"，失去了采取EPC合同模式的初衷。实际上，总承包人的质量安全管理与合同要求存在差距，自律管理更与合同承诺差距较大，过程管理问题较多。

鉴于EPC模式和DBB模式下的监理合同职责未变，有关法律、法规、监理规范的相关监理职责规定未变，EPC模式下的监理方式如何调整，设计审查（监理）工作如何有效开展，这一直是我们思考和需解决的问题。

（一）关于监理工作方式

国内首个超百万千瓦级水电工程EPC模式下的建设管理创新之处在于，在国内目前水电工程市场环境条件下，如何保证工程质量安全，如何管控工程进度和投资风险，如何促进水电工程建设管理机制的进步和承包人自律管理？在此创新管理要求下，我们的监理工作方式需从如下几方面入手：

1. 依据EPC合同，严格标准，严格程序，严格管理。

2. 依靠科技进步，以信息化、可视化手段，建立客观、科学的质量安全监控和可追溯系统。

3. 监理控制重源头、重技术措施、重生产性试验、重工艺方法、重程序化标准化；重承包人关键岗位人员合同资质认证及其工作质量跟踪评价考核；重承包人的自律管理，从监理旁站逐步过渡到高质量的过程巡视；重测量、检测和监测，发现问题不放过。

（二）关于设计审查（监理）工作方式及深度

在目前国内工程建设体制下，EPC项目设计审查（监理）工作难做，且工作量大、投入大、亏损大，如何保证工作质量，其设计审查（监理）工作方式及工作深度需从如下几方面与业主进行充分沟通并达成一致：

1. 设计审查（监理）工作范围及深度需与业主充分沟通明确。

2. 需与业主和总承包设计方就设计审查（监理）工作流程、形式、内容进行充分沟通明确。

3. 设计审查（监理）人员考虑以驻后方为主，但必要人员需驻工地现场。

4. 依靠科技进步，以信息化管理和前后视频会议手段，保证前后方工作的及时沟通，以利于及时解决现场问题。

四、结语

作为国内首个大型水电工程设计施工总承包监理，肩负着促进水电工程建设管理机制进步的使命。在国内目前水电工程市场环境条件下实施大型水电工程总承包监理，对如何保证工程质量安全，如何管控工程进度和投资风险，如何促进承包人自律管理，我们需以创新的视角、发展的眼光，以"如临深渊，如履薄冰，小心翼翼，诚惶诚恐"的态度，不断探索完善总承包监理模式，以完成时代赋予我们的使命。

某工程火灾自动报警系统的监理管理

张腾

北京五环国际工程管理有限公司

摘　要：火灾报警系统可在发生火灾前期时进行报警，启动轨道交通的消防设备，及时控制或扑灭火灾，指导车站人员进行疏散和撤离，保证站内人员的生命安全。本文以乌鲁木齐轨道交通1号线为技术背景，首先阐述了火灾自动报警系统构成及功能，再结合通风空调系统分析火灾工况下火灾自动报警系统的运行要求和监理管理要点。

关键词：城市轨道交通　火灾自动报警系统　联合调试　监理控制

乌鲁木齐轨道交通1号线全线长27.615km，都为地下线，共设21座车站，全线设停车场、车辆段及综合维修基地、控制中心、备用控制中心各一座，设备安装工程于2016年8月1日开工，计划2018年12月31日竣工。本人担任该工程的电气监理工程师，经历了项目建设至今的全过程，现结合自身监理实践经验，从监理角度谈一谈火灾自动报警系统在城市轨道交通建设中的所起到的重要作用。

一、火灾报警系统概述

火灾报警系统监控和管理站内的消防通风设备、消防泵设备和非消防设备，对火灾报警信息进行采集和处理，并存入历史资料档案。发生火灾时，系统能高效地协调车站各设备的运行，充分发挥各种设备的防火救灾功能，保证旅客的安全和减少财产损失。

乌鲁木齐轨道交通1号线工程设置火灾自动报警系统（Fire Alarm System，以下简称FAS），对全线进行火灾探测报警控制。系统由中央级、车站级、现场级和相关通信网络组成，实现中心、车站两级管理模式，中心、车站、现场三级控制方式，主干网络采用通信专业提供的光纤介质独立组网形成光纤自愈环网。

火灾自动报警系统负责火灾探测，能够向线路运营控制中心发出火灾警报、报告火灾区域。与综合监控系统及环境与设备监控系统配合或独立实现对消防设备的联动。

二、火灾报警系统构成

（一）现场级火灾报警系统构成及功能

现场级FAS包括各类火灾探测器、各类输入输出模块、声光报警器、消防电话分机、消防电话插孔、手动火灾报警按钮、消火栓按钮等设备。现场级的设备是整个火灾报警系统的基础，设备是否正常运作直接影响系统能否正常接收报警信号，因此每个设备必须具备线路故障自我保护、隔离功能。

各消防及接受FAS监控的风机、水泵、风阀、消防电源、防火卷帘门等设备通过模块接入火灾报警控制器，实现监控设备工作状态、采集设备故障信息和控制设备的功能。

作为三级控制中最基础的一级，现场级包含设备种类繁多，数量巨大，仅仅一个车站就包含20余种设备，数量达到1000余件。此阶段的施工质量是FAS能否阻止火势扩大、控制烟雾扩散、实现现场灭火、提示及指导疏散人群等功能的重要保证。在出厂检验阶段，监理方要根据合同及设计联络会确定的技术标准对设备性质及功能要求进行检查和验收，还需审查设备和主要部件的产品合格证及各类实验报告；在设备进货阶段，监理需要核对设备型号及数量是否与合同、图纸相符，存在有质量问题的设备及时向供货厂家提出，严把设备物资进场质量关；在设备安装阶段，需严格按设计图纸及相关规程、规范、施工工艺过程和施工工序进行检查，尤其是设备的配线、接线是否达到系统的要求；在设备单机调试阶段，要求先对各设备进行通电及功能检查，再出具测试合格报告。

设备从进场到单机调试完成，证明各设备都具备实现自身功能的硬性条件，为下一阶段的调试打下坚实的基础。

（二）车站级火灾报警系统构成及功能

现场级的各类设备通过环型总线方式结合起来，组成火灾自动报警监控网络，由设在车站控制室的火灾报警控制器控制，形成车站级火灾报警系统。

车站级FAS要具备管理和控制功能，也是单位工程在进行消防验收时重要的检查项目。FAS能够接受中央级下达的各种监控指令与火灾模式控制指令，并下传到车站火灾自动报警控制器，执行中央级制定的运行方案；监视本系统供电电源的运行状态，车站所有专用消防设备的工作状态和电源工作状态。

要监理好车站的系统调试，必须对车站各专业各系统要有全面的了解，掌握各设备的接口协议等专业知识。以乌鲁木齐轨道交通1号线植物园站为例，FAS专业与外控设备接口共213个，在进行联动控制系统的调试前，要确认每个接口是否正确，单项设备是否能正常运作。调试时，发出一个模拟火灾信号，系统可实现车站及车站相邻各半个区间的实时火灾的报警功能，监视管辖范围内的火情，同时向本站综合监控系统、环境与设备监控系统发布确认的火灾信息，使各系统进入火灾模式，充分发挥各种设备的防火救灾功能，并将所有信息上传至中央级。调试过程中，若出现任何不合格的项目，都需要进行整改并重新调试，直到测试通过为止。

联调功能测试的通过，证明FAS与地铁各相关专业的设备能够有机地结合在一起，并能实现自身的全部功能，保证地铁的正常运营。

（三）中央级火灾报警系统构成及功能

中央级FAS设置在控制中心机房内，由中央级火灾报警控制器、图形工作站、打印机等设备构成中央级局域网络，负责全线火灾报警管理监视功能，负责全线各车站和隧道区间的火灾报警监视和调度指挥。

中央级是FAS的调度管理中心。有权对全线报警系统的信息和消防设施进行监测、控制和管理，具有车站级救灾工作的指挥权。

在调试阶段，FAS在确定火灾信号后，中央级接收报警设备信息，通过车站级对车站发出相关的指令，实施救灾模式。无火灾发生时，中央级能够通过网络，实现对各个车站级的火灾报警控制器、气体灭火控制器、区间疏散指示主机的管理、监视和控制，接收各车站提交的火灾报警信息和FAS监控设备的运行状态和故障信息，记录和归档，并按照信息类别管理历史数据文件。

三、火灾报警系统与通风空调系统联动

以植物园站为例，FAS与通风空调系统的接口涵盖了站厅层、站台层公共区、设备及设备管理用房的防排烟系统，包括的设备有排烟风机、补风机、加压送风机、电动风量调节阀、70℃电动防烟防火阀、70℃防烟防火阀、280℃排烟防火阀。当车站发生火灾时，FAS主机对相应的系统启动火灾运行模式，对站内进行排烟，保障站内人员安全撤离。

（一）设备及设备管理用房的火灾排烟方案

设备管理用房区域发生火灾时，相应区域的通风空调系统转入火灾排烟运行模式，由其通风空调系统的排风或专用排烟系统进行排烟，送风系统进行补风。车站控制室作为消防控制室，与防烟楼梯间同

表1

工况	送风机	排风机	70℃电动防烟防火阀	
	SF/a	PF/a	FD-SF/a	FD-PF/a
正常运行	开启	开启	开启	开启
火灾运行	关闭	关闭	关闭	关闭
灭火后	开启	开启	开启	开启

样考虑正压设计，设置加压送风系统，由FAS主机启动加压送风机。

气体保护房间火灾时保护用房的送风、排风管路均采用电动防烟防火阀切断，灭火后系统再启动。

如表1所示，以一个气体保护房间为例，房间通风系统中的送风机SF/a和排风机PF/a由楼宇自动化系统（以下简称BAS）控制，70℃电动防烟防火阀FD-SF/a和FD-PF/a由FAS控制。当发生火灾时，FAS主机把信号发送至BAS，同时启动系统的火灾模式，通过BAS关闭送风机和排风机。为了保证气体灭火的密闭性，通风系统中相关电动防烟防火阀由FAS控制关闭，使房间成为独立的密闭空间。确定火灾扑灭后，风机跟风阀打开，对房间进行排烟。

此模式的工作，需要BAS及FAS两个系统协同配合完成，但在实际调试中，往往会出现FAS给了BAS无效的指令，模式启动后受控设备不工作或者工作状态无反馈等错误，导致调试不成功。所以在调试模式之前，必须先对系统控制的设备（如风阀）分别进行单机调试，以及FAS与BAS之间的通信接口无误。确保FAS向BAS发出火灾模式指令后，BAS能够按照相应模式启动消防联动设备（如风机），并向FAS反馈运行情况及结果。

（二）站厅层、站台层公共区火灾排烟方案

站厅层发生火灾时，小系统所有设备停止运行，小新风机关闭，相应的排烟风机及送风机启动，站台层的排烟风管及站厅层的补风管上电动阀关闭，站台层的补风管及站厅层的排烟风管上电动阀全开，排烟风机对站厅公共区排烟，送风机对站台层公共区进行补风。

站台层发生火灾时，系统工作原理与站厅发生火灾时相似，排烟风机对站厅公共区排烟，送风机对站台层公共区进行补风。

系统中的专用排烟风机，由FAS主机控制，并与相关风阀连锁工作，下面以编号PY/A的排烟风机为例作详细说明。

如表2所示，正常通风运行工况时，大系统送风机DSF/A根据站内环境要求变频工作，排烟风机PY/A与电动风量调节阀DTL-PY/A连锁关闭，280℃排烟防火阀FPYL-PY/A-1处于常开状态。

调试时，模拟公共区火灾，BAS在接收到FAS的火灾信号后，控制大系统送风机满功率运转。排烟风机由FAS主机控制，由于排烟风机与电动风量调节阀连锁，所以开机时风阀先开，接收到风阀开启信号后启动风机，关机时风机先关，确认风机停止工作后关闭风阀。在实际火灾中，当280℃排烟防火阀达到额定温度时，会熔断关闭，此时排烟风机关闭，达到保护风机的功能。

排烟风机的开启需要得到电动风量调节阀和280℃排烟防火阀的反馈信号，这也给调试工作提高了难度，要先确定两风阀的工作状态符合风机开启要求，若风机未启动成功，就需要排查风阀的信号是否传递到风机的控制柜。这是系统调试的重点及难点，作为监理，协调好各厂家调试人员积极配合是调试成功的关键。

表2

工况	大系统送风机	排烟风机	电动风量调节阀	280℃排烟防火阀
	DSF/A	PY/A	DTL-PY/A	FPYL-PY/A-1
正常运行	开启（变频）	关闭	关闭	常开
火灾运行	开启	开启	开启	达到280℃关闭

四、总结与展望

（一）总结

综上所述，随着社会的发展，国家对基础设施的投入力度加大，轨道交通也得到了较高的发展程度。作为地下工程，轨道交通又是一种人口流动性大的公共场所，相应的安全防护措施必不可少。做好火灾自动报警系统施工和调试的监理管理，确保系统能正常运作，及时发现并采取有效措施扑灭火灾，减少火灾造成的生命和财产损失，避免因延迟报警而引起的严重火灾。

（二）展望

现阶段的火灾报警系统，一个回路的报警设备主要采用两条或以上的铜芯绝缘导线相连接。由于各设备是通过硬线串联起来形成回路，某一处的连接错误或者电线老化、磨损等原因导致短路都会导致整个回路中多达数十个设备无法正常工作。此外，系统耗材高，抗干扰能力有限，故障排查难度高，后期的维护复杂，这都是硬线连接的局限性。采用无线连接取代传统的有线连接，可有效弥补系统的不足。市场上已经推出具有无线通信功能的报警设备，其组成的无线火灾报警系统在高层住宅、酒店、商铺等逐步形成特有优势，但由于电池续航及成本问题，系统并没有被大规模地采用。在未来，随着无线火灾报警系统的不断完善，以及对消防安全的需求，一个更智能稳定的火灾报警系统将会有更加广阔的发展空间。

如何做好装饰装修工程的质量控制

叶小明

广州宏达工程顾问有限公司

> **摘　要**：建筑装饰装修是装修监理在住宅工程施工中一个非常重要的环节，其施工质量及外观美化水平直接影响客户的收楼率，对监理单位的信誉产生极大的影响。因此如何做好装饰装修工程质量控制成为装修监理工作的一个重点和难点。
>
> **关键词**：装饰装修　质量控制　监理

装饰装修作为住宅工程施工中一个重要环节，其特点为专业性、经济性、规范性、复杂性。影响其质量的因素也较多，比如主体结构、材料质量、施工队伍水平等。由于装修工程属于后期包装饰面工程，交付前机电设备安装、给排水、燃气、厨卫洁具等相关单位的施工须全部完成，因此各单位之间、各工序之间交叉施工频繁。对应的装修监理需熟悉各单位、工序之间的先后关系，做好单位间、工序间的协调工作。

一个合格的装修监理首先应熟悉各专业的图纸，了解现场，确定质量控制的重点，其次针对重点部分可能存在的质量通病进行有效的预防提醒，最后做好事前、事中、事后的质量控制。本文以笔者参与的广州市洲头嘴高级住宅项目装修为例，谈谈个人对如何做好装饰装修工程质量控制的见解。

一、事前、事中、事后的质量控制

监理的事前、事中和事后的质量控制贯彻整个监理质量控制体系，因此装修监理同样必须要做到严格的事前、事中和事后的质量控制。

（一）事前质量控制

1. 参与设计交底。精装修在深化设计图纸中反映了施工深度、能否具体指导施工等，需要监理人员读图，熟悉图纸，充分了解设计意图。通过读图，及时发现问题，组织施工单位进行会审，集中填写图纸会审表，分专业汇总报送甲方，由甲方转给设计人，由设计人对会审意见给予书面答复。图纸会审中设计人意见与设计图纸有同等效力。工程变更应由建设单位、设计单位、监理单位、承包单位签认。特别需要注意材料索引中标记的材料类型、使用部位、燃烧等级、规格、备注中标注谁供（甲供、甲指、乙供）品牌，约定一种或几个品牌任选一种，这是决定进场材料是否合格的一个重要依据。

2. 审核施工组织设计（施工方案）。一般程序为审核施工工艺、安全技术是否符合强制要求，审批技术负责人签字、施工工艺是否有针对性、有无漏项（图纸有方案、无具体做法，工艺做法描述不全、无操作性）等。

3. 查验施工测量放线成果。对已移交的工作面进行定位复核，比如：建筑三线复核，地、墙、棚、门窗洞口尺寸复核，室内净空尺寸复核。以保证精装修尺寸精确，把结构误差消除在精装允许的误差范围之内，该重新抹灰（批荡）的抹灰，该剔凿的剔凿，避免出现墙、地、棚、窗大小头的偏差。并要求施工单位做好施工测量放线记录，填写施工测量放线报验表。

4. 第一次工地会议、施工监理交底。除了各方人员的介绍外，必须明确装修监理例会的时间安排、到会人员，提出监理方的要求。施工监理交底，介绍监理方人员各专业谁具体负责什么；明确装饰合同的内容、范围、运用法规（无合同的向甲方索要）；明确各单位的分工划项（分项工程从哪开始为初装修到精修界限）；介绍监理控制工作的基本程序和方法（最好书面要求）；提供有关报表报审要求及工程资料的管理要求。

5. 对装修工程质量控制重点和难点进行分析列表，针对可能存在的质量通病进行有效的预防提醒。施工重点、难点及关键工序，应制订专项的监理实施细则，并要求承包商编制专门的施工方案，要求监理人员按细则条款及相关规范严格执行。

（二）事中质量控制

首先，做好装修工程材料的控制工作。装修材料直接决定工程的质量好坏，很多装修单位在施工过程中会出现以次充好、偷换材料的行为，为此，把握材料的进场及检验，是装修工程中关键的第一步。

装修工程一般所涉及的材料品种较多，所确定的材料的规格、品种、制作应符合设计图纸和施工验收规范的要求，特别是要满足国家《民用建筑室内环境污染控制规范》要求，达到绿色环保的标准。对于材料的确定控制方面，应按照合同要求、业主提供的材料品牌表对进场材料进行控制，符合合同要求、业主提供范围内的品牌材料才能进入现场，进入现场后进行验收及见证复检。

进场验收：对进场的装饰装修工程材料不但要严格按国家相关标准，检查产品合格证、性能检测报告等，而且还要与"封样"材料样板比对无误后，方可准予进场，合同要求复检的装饰装修工程材料还须见证取样送相关检测机构检验合格后，才能用于拟用部位。

见证复检：对国家标准及合同要求复检的装饰装修工程材料，经进场验收后，现场见证取样送具备资格的材料检测机构检验合格后，才能用于拟用部位。同时要注意对材料检测机构的企业资格进行审核。

其次，应推行各装修工序的样板引路制度。对容易出现的各种质量通病问题进行专项技术交底，审查好施工单位的施工作业指导书及各种专业施工方案，从源头上、制度上规范样板引路的运作。装修工程依据项目施工图纸分专业、分单体，列出样板分项，明确样板实施地点、部位、时间、验收标准，做好每个样板间如"砌体样板间""抹灰样板间""面砖镶贴样板间（墙）""门窗样板间""吊顶样板间""卫生间施工样板"等的设置，然后才以点带面进行铺开作业。

以洲头嘴高级住宅项目为例，实行样板引路制度及做好技术交底的楼栋，往往施工工序较为合理，没有出现大的返工现象；未实行样板引路制度及技术交底的楼栋，施工工序混乱，往往同一个问题都会反复出现错误，导致反复整改、返工，造成不必要的成本及工期损失。

再次，要明确装修工程质量控制目标。严格按合同要求及质量目标要求，从每个工序的质量控制入手，尤其对质量通病加以认真分析，制定出切实可行的质量通病防治办法，切实做到预防为

广州市洲头嘴高级住宅项目A2栋西区工序样板

主。同时还要针对性地加强对新技术新工艺的应用、控制和监督，确保质量目标的全面实现。需做到以下几点：

1. 监理人员在施工现场对正在施工的部位或工序进行定时或不定时的巡查监督，发现问题及时要求施工方整改，以便减少返工，防范质量缺陷的发生，保证装修质量和进度。

2. 对隐蔽工程、工序间交接检查验收，对重点部位执行旁站监理制度，保证在整个施工过程控制好重点关键部位的施工。

3. 利用测量手段，在施工过程中核查完成面的轴线、标高和几何尺寸，并通过实测实量来验证已完成工程的质量是否符合质量要求。

（三）事后质量控制

1. 督促施工单位对影响装修工程质量中的前一工序应进行交接、交叉工序的检查。对已完工程，监理工程师要及时组织施工单位进行检查评定，并对缺陷进行处理；同时要对已完工程进行复核性检查、成品保护的质量检查。

2. 检验批、分项工程、隐蔽工程验收，施工单位必须先自检合格后，填写《工程报验单》，书面通知监理验收。分部、分项或专项工程验收，施工单位必须组织内部验收合格，向监理提出书面验收申请和完整的验收资料，由总监理工程师组织验收，安排专业监理工程师进行资料核查、结构安全及使用功能质量检测，观感质量检查，提出质量评估报告后，由总监理工程师组织相关单位具备验收资格的人员进行验收。

3. 质量的整改完善，对验收中提出的需要整改或完善的质量问题，监理应督促施工单位按规定的时间和要求进行整改或完善。存在的质量问题整改完成后，由建设、监理、施工和设计单位共同在工程质量竣工验收记录上签字，并确认综合验收结论。

4. 监理工程师要及时组织施工单位做好技术资料的整理归档工作，为编制完整合格的竣工技术资料做好准备。

二、需重点把控的装饰装修工程质量问题

（一）工作面的移交

工作面移交即我们常说的场地移交，不同施工单位在工序上的交接，需要监理确认上道工序完成并验收合格后，移交给下道工序的施工单位，填好相关的移交记录表，避免下道工序施工中还有上道工序的遗留问题未处理，为下道工序的合理施工做准备。实践当中有两种情况：1. 总承包结构、装修一家完成，内部做法为工序交验，监理人员见证；2. 结构施工、装饰施工由两家负责，这就牵涉工作面的移交，移交涉及结构尺寸、水电专业移交、多家移交给一家等不同情况。比如：墙地面移交，防水工序、蓄水试验移交，建筑三线移交，平面开间尺寸、洞口尺寸、水专业各种水管、通水、满水带压移交，电气管线移交，电通弱电进户（网线、TV、电话、可视对讲、报警等）。监理人员均须对上述工序交接进行100%的见证验收，并要求施工单位做好记录，填写移交记录表，最后由监理人员在移交记录表上签字确认。

重点把握：建筑三线移交，建筑三线涉及使用的单位较多，比如幕墙、电梯、消防、装修等，建筑三线不准确会导致各个单位在施工过程中出现完成面不一致、收口不美观或无法收口的情况，因此移交给相关单位的建筑三线必须是一样的。卫生间、厨房等有防水要求的也是移交的重点，须确保前一道工序完成并验收合格方可移交，否则会导致卫生间、厨房等出现渗漏水现象，如此一来将较难处理。

（二）墙和地面

墙面作为室内空间的临界面，是人眼的正视面，墙面装潢的色彩、图案、材料质感所产生的装饰效果和室内空间的气氛是一目了然的。所以墙面装潢除了保证它的使用功能，如：坚固、防潮、隔声、吸声、保温、隔热，对结构层有保护作用外，主要是体现出艺术性、美的原理，突出主人的个性，达到特定的意境。不同区域空间的墙面，因使用目的的不同，所选用的材料不同，达到的装潢效果也不同。墙面装饰常用材料有：木质装饰类、塑料类、干挂类、贴面类、裱糊类、刷涂类等。其施工方法有：粘贴法、钉固法、镶嵌法、刷涂法等。在实际施工中，根据不同材料采用不同施工方法，有时是几种施工方法混合使用。

以墙体装修裱糊类壁纸为例：通常直接刷浆即可，尽量不要在水里浸泡，否则可能会出现色差；先将墙面清扫干净，如发现凹凸，应处理后才开始裱糊；贴在墙上后用滚筒多次滚压，使壁纸和墙面充分接触，不留气泡；最后在灯光下检查壁纸的色差有无问题。

地面装修工程包括水泥砂浆地面、水洗石地面、水磨石地面、地毯地面、涂料地面、石材地面、釉面砖地面及木地板地面等。其中较为常见的为石材、地砖地面及木地板地面。石材、地砖地面铺贴的质量标准为：石材面层应色泽一致，表面平整洁净，图案清晰，无磨划痕，无裂纹、缺棱、掉角等缺陷；板

块接缝平整，镶嵌正确，无空鼓，周边顺直，颜色一致，花纹通顺基本一致；擦缝饱满齐平、洁净、美观。

以上质量标准在工地上均是较为常见的，这就要求现场监理人员要加强巡视，发现问题及时要求施工方整改，以达到相关规范要求及业主要求。

（三）吊顶工程

房屋顶棚是现代室内装饰处理的重要部位，它是围合室内空间除墙体、地面以外的另一主要部分。它的装饰效果，会直接影响整个建筑空间的装饰水平。

吊顶面层的板材要平整地拼接，特别注意跌级吊顶直角弯补强；吊顶与主龙骨，主龙骨和次龙骨之间都要平整地拼接；腻子同样要平整地批刮，接缝处要贴纸绷带后将腻子刮平，防止开裂；要合理选择面板层，湿度较大的空间尽量不要使用吸水率过高的石膏板。

（四）厨房、卫生间工程

厨房和卫生间是装修的关键，涉及管道、线路较多，因此也是最容易出现问题之处，比如漏水、积水、噪声等对用户和邻居都会有影响。

随着同层排水技术在现代建筑中越来越广泛地使用，下沉式卫生间得到大面积推广。如果下沉式卫生间回填后未进行沉箱二次排水，长时间使用之后，积水容易随着卫生间表面瓷砖缝隙渗进回填层。长此以往，回填层将大量积水，如果不采取措施，将造成较多危害，常见的有如下几种：首先是洗手间墙体空鼓，墙砖脱落；其次洗手间外木地板和下面的龙骨腐烂；第三洗手间附近墙面腻子起壳，墙面漆起皮；最后还会严重影响住户心情，且会滋生细菌，容易使人生病等。

广州市洲头嘴高级住宅项目卫生间也是采用同层排水，为了避免下沉式卫生间的诸多隐患，本项目在沉箱处设置四道防水，首先是总包完成一道水泥浆基层涂刷，一道水泥基防水，装修回填加气块后用有机硅防水砂浆找平，最后2mm厚911聚氨酯防水涂膜且翻墙高度不小于1m。每一道工序都需隐蔽验收合格会签后才能进入下道工序，并留存影像资料，做到了一户一档。

当然，卫生间设置二次排水将是未来卫生间沉箱的一个发展方向，二次排水可以将沉箱内积水及时排出，确保卫生间沉箱的干燥，避免以上未做二次排水所产生的影响。

沉箱二次排水的施工方法：1.未处理前的沉箱，底部需要做一层防水；2.重新做过给水、排水、排污后的沉箱；3.做卫生间的墙面和地面防水；4.沉箱底部回填（注意，施工单位为了降低成本，经常回填建筑垃圾，需重点核查），填到比二次排水口低一点的位置；5.填完碎砖后，用水泥砂浆抹平，保证二次排水口处于最低位置（此工序注意事项：二次排水管口要用塑料网或者不锈钢网覆盖，然后在上面放置一堆鹅卵石，防止管口堵密塞）；6.此处的水泥砂浆干后，再做一次防水；7.陶粒回填；8.陶粒填到差不多的高度后，再用水泥砂浆抹平；9.上面的步骤完成后再放钢筋，横竖都要放，再在上面抹一层水泥砂浆，保证钢筋在水泥砂浆的中部，这样做的目的是防止沉箱下沉；10.在此基础上再刷一次防水后就可以贴卫生间的地砖和墙砖了。

三、结语

装饰装修施工质量的好坏，不仅对工程质量影响很大，而且对于人们的使用及居住也将产生很大的影响，它会极大地影响人们的生活质量和人身安全。加强对装修工程施工质量的控制对提升装饰装修质量水平有着重要意义，而装修施工监理如何控制好装修施工质量，向建设单位、业主交出一份满意的答卷，无论是在过去、现在或将来，这都是装修监理必须重点考虑的问题。

参考文献

[1] 李东明.建筑装饰装修工程质量的控制与管理[J].产业与科技论坛，2012，11.
[2] 梁水燕.论述建筑装饰装修工程质量控制及通病防治[J].中华民居（下旬刊），2014，04.
[3] 曹雅娴.建筑装饰装修工程的质量控制分析[J].科技传播，2014，11.
[4] 杨秉贤.建筑装饰装修工程的施工质量控制与管理探讨[J].四川建材，2016，02.

BIM技术在全过程咨询企业中的应用初探

陈继东　胡灿　林文敏
武汉宏宇建设工程咨询有限公司

摘　要：BIM是Building Information Modeling的英文缩写，其定义为：建筑信息模型，是以三维数字技术为基础，集成了建筑工程项目各种相关信息的工程数据模型，是对该工程项目相关信息的详尽表达。

关键词：BIM　建筑信息模型　全过程咨询　转型发展

近几年来BIM技术在工程方面的应用越来越受到国家的重视，国内大多知名设计、施工企业也相继组建了BIM团队，并将BIM技术大量运用于工程管理实践。从CAD技术到BIM技术，建筑行业着实引发了一次史无前例的彻底变革。对于建设工程而言，BIM技术利用现代信息技术通过数字建模，实现了建筑的三维表达，在还原了建筑的三维原貌的基础上，通过4D等多维成果的运用，提高项目设计、建造和管理的效率与投资效益比，给采用BIM技术的企业带来极大的新增价值。从目前建筑业的发展来看，BIM技术应用是大势所趋，也给从事全过程咨询企业向设计端、运营维护端延伸服务提供了切实可行的实现路径和手段。

一、BIM技术是一种新的管理模式

BIM技术是通过各类专业工程软件对整个建筑的信息进行纳入与整合、分析来实现的，在工程全寿命周期中，建筑信息模型可以实现集成管理，因此这一模型既包括建筑物的信息模型，同时又包括建筑工程管理行为的模型。将建筑物的信息模型同建筑工程管理行为模型进行完美的组合，建设工程领域BIM技术的运用，实质是建设相关方工程建设组织实施方式的根本性变化，即工程管理由传统方式向高度信息化、智能化模式的转轨。建筑信息模型运用在建设的不同阶段的功能各有侧重，规划设计阶段重在方案及建设目标的科学性、合理性与优化；施工阶段可先模拟实际的建筑工程施工，减少实际建设中遇到的种种问题，通过搭建几方共享的BIM平台，大大提高建设效率，节约成本，有效控制并缩短工期；运维阶段强调工程数据库集成的准确性、完整性与使用便捷性，是为更好服务使用单位提供技术保障。所以说，BIM技术不是一款软件，而是一种全新的管理模式，参建各方对其重要性、必要性与紧迫性都需要深刻认识。运用这种新的管理模式，全过程咨询企业可以向上游设计阶段延伸，向下游运维阶段延伸，打通工程设计、项目管理、工程监理、招投标管理、造价咨询等各个模块的分割，形成一体化管理平台。

二、BIM建筑模型在全过程咨询中的运用优势

（一）设计阶段的优势

现在，大部分的设计院还停留在运用CAD进行二维设计的阶段，那么全过程咨询企业向设计阶段延伸的利器就是BIM技术，在设计院进行二维设计的同时，全过程咨询企业就可以介入进行BIM建模设计，让建设单位通过建模后形成的三维图直观地了解工程设计情况，让其在设计阶段就参与其中，所见即所得。

如果建设单位有修改意见就在设计阶段与设计师进行沟通，由三维至二维进行修改，这样即使建设单位专业技术能力不强也可以在全过程咨询企业的帮助下通过BIM建模技术达到对建筑的功能设计、外观设计、空间设计等的控制和效果评估，使建筑产品在设计阶段就可以达到建设单位的理想预期。

从设计阶段开始监理介入的说法有很长时间了，落地却很少、很难，全过程咨询企业如能借助BIM技术上实现对设计阶段的设计监理、实现对设计的优化，将为咨询企业介入前期规划设计工作提供可能。

1. 全过程咨询企业现阶段的优势之一就是在施工阶段的实际管理经验和工程实践的数据积累。咨询企业可以在BIM建模过程中从建设管理的角度对设计进行优化，提出合理化建议便于下步实施，这是全过程咨询企业的独有优势，也是设计单位自行建模的过程中难以完成的短板。

2. 在设计阶段就跟踪建模，可以提前对各专业（建筑、结构、给排水、电气工程、空调工程等）的碰撞问题进行协调，生成协调数据，对照积累的工程数据提出设计优化意见，这个阶段提出的设计优化建议，更容易让设计师接受，也减少后期图纸会审后修改图纸的工作量。可以使招标工程量更加精确，后期变更及费用索赔会更少，从根本上解除了拆改带来的效益风险。

3. 设计阶段BIM建模，另外一个优势就是在建模完成后的工程量可以即时计算，这样为限额设计提供了非常大的帮助，可以分阶段对工程量和造价进行计算，如果设计有超概算的情况可及时对设计进行调整。精确算量还为建设方资金计划和招标采购策划等提供了技术保障。

（二）招投标阶段的优势

招标采购工作，关系全局目标，责任重大、政策性强、风险点多，是咨询的重点工作之一。全过程咨询中，招投标工作会贯穿整个工程的施工全过程，从设计阶段介入建模后，BIM技术对全过程咨询项目的招标工作优势会体现在如下方面：

1. 在设计阶段介入建模后，工程量的计算会更快速和精准，招标使用的工程量清单也会更准确，后期的造价控制风险会大为减少。如果需要提供拦标价，拦标价也会更加精确。有效杜绝招投标工作中因时间仓促算量不准、漏项等给建设单位和全过程咨询企业带来的综合风险。

2. 可以根据BIM技术的模拟施工技术，制定比较详细和可靠的采购计划指导项目招投标工作，使招标工作和总进度计划严格匹配。

3. 现阶段的招标工作中，特别是对总包单位的招标，图纸中对很多设备只能采用暂估价，这就为后期造价控制工作制造了一定的风险。BIM建模技术中很多设备是可以在设计阶段根据族库进行选型的，设备型号固定后其价格区间也就好确定了，很多暂估价就可以在招投标中进行明确，可以减少后期全过程咨询企业的造价控制风险。

4. 对招标中标结果进行复核，通过对中标单位的不平衡报价分析，为合同洽商、条款制定和签订提供有利依据。

（三）施工阶段的优势

现阶段，全过程咨询企业的优势之一是在施工阶段的管理能力，在施工过程中，运用BIM技术的手段从工程监理、项目管理角度对总、分承包单位及供应商进行管理，并提出合理化建议便于下步施工，是全过程咨询企业在施工阶段对BIM技术的具体实践。在BIM施工组织运用中主要体现在以下几个方面：

1. 现场布置方案审核和优化

随着建筑业的发展，对项目的组织协调要求越来越高，这体现在施工现场作业面大，各个分区施工存在高低差，现场复杂多变，容易造成现场平面布置不断变化。项目周边环境的复杂往往会带来场地狭小、基坑深度大、周边建筑物距离近、绿色施工和安全文明施工要求高等问题。

BIM技术为全过程咨询企业进行施工平面布置管理提供了一个很好的平台。在创建好工程场地模型与建筑模型后，对总承包单位报送的整体平面布局方案进行布置模拟演示，可以发现脚手架、塔吊、材料加工区域布局是否合理，是否影响后期建筑施工，达到方案审批合理，提出针对性优化方案的效果。

2. 工程重大危险源辨识及方案计算复核

复杂而大型的工程在二维平面图中寻找重大工程危险源并不方便。例如高支模区域的判断、起重吊装构件的跨度（重量）判断等。而通过BIM三维建模后，可以很方便地找到工程中需要专家论证的重大危险源，可以及时提示施工单位尽快组织方案编写，进行专家论证，避免工期因此带来的延误。

目前，大部分施工单位的方案计算都是采用专业软件，作为全过程咨询中的工程监理方，对方案的审核就可以运用BIM技术中的一些专业安全计算插件对方案进行技术复核，这样通过BIM技术对施工方案中的施工方法进行模拟、计算进行复核，那么工程监理的方案审批工作将更科学和可靠。

3. 进度审批科学，计划可优化

建筑工程项目进度管理是全过程工程咨询中的重要工作，而进度审核是进度控制的关键。BIM技术可实现进度计划与工程构件的动态链接，通过施工动态模拟可形象直观地表达进度计划和施工过程，以及重要环节施工工艺，在模拟过程中如发现总承包单位报送的进度计划存在需要调整和协调的问题可以及时发现和修正，为工程项目的全过程咨询单位和建设单位直观了解工程项目情况和管理工程进度提供便捷工具。

4. 工作面管理

在施工现场，不同专业在同一领域、同一楼层交叉施工的情况是正常现象，对于一些大型工程和超高层建筑项目，由于分包单位众多、专业间频繁交叉施工，对于不同专业之间的协同、资源合理分配、工作过程的衔接等问题，作为全过程咨询企业可以进行综合协调，比如根据施工模拟确定部分分包单位的合同签订时间、进退场时间等，可以在模拟施工的前提下，划分垂直运输、外脚手架等资源的合理分配等，让分包单位出总包配合费的时候能量化双方的责权利。

5. 质量、安全管理精细化

BIM技术能与现场管理的一些手机端APP的功能相结合，使全过程咨询中的监理环节发挥作用，在现场管理发现问题后直接可以在BIM模型中反映出问题的位置和类型，方便参建的施工单位据此进行整改和回复。同时，可以形成一定的施工数据，统计某类问题发生的概率和频次，便于制定有针对性的改进措施，提高工程质量安全管理水平。

6. 工程资料信息化、无纸化管理

由于工程的规模大、工期长，过程资料必然会杂而多，那么资料的整理也是工程的一大重点。BIM数据平台可以为我们节约大量的整理成本。将各分部分项对应的工程资料上传到BIM平台后，可以通过三维模型实时查阅相关资料，做到无纸化办公。当构件与资料一一对应，查看起来就非常方便，同时也便于施工过程中的查漏补缺，以及竣工资料的归档。

（四）运维阶段的优势

资产维护运营的过程则是BIM价值最大化利用阶段。因为我国工程建设的实际情况，以上各阶段存在分割现象，设计单位、施工单位、运维单位各司其职，也就把全寿命周期的BIM应用分割成了各阶段的BIM使用。但全过程咨询企业具有综合协调工程各阶段各角色的能力，并贯穿于全寿命周期，可以从全过程咨询的角度，自设计阶段建模开始就考虑运维阶段的投入，并在施工全过程将工程的变更、施工中的问题在BIM模型中如实反映，为移交建设单位进行后期资产维护运用提供了信息化的先进管理手段，这往往也是建设单位最希望获得的除建筑产品之外的附加服务成果。

BIM技术出现，让建筑运维阶段有了新的技术支持，大大提高了管理效率，主要体现在以下几个方面：

1.提供空间信息：BIM模型集成了建筑的三维几何信息、构件的位置与尺寸等参数信息、管线的布局、建筑的材料信息、基本设备的生产厂家信息等，为建筑运营期间设施的维护提供一个参考。

所有数据和信息均可以从模型里面调用，进行建筑和设施维护。例如：哪些设备什么时候安装的、更换周期多长、设备参数等信息都一目了然，便于后期准确定位要更换的构件，不至于大面积的更换而浪费成本，或者等到设备损坏了再更换，影响了设备的正常使用功能。

建筑的使用者利用建筑空间开展业务，空间管理自然离不开"面积"和"位置"，这两个信息在建筑竣工后的BIM模型中有现成的数据可供使用，例如：二次装修的时候，哪里有管线，哪里是承重墙不能拆除，这些在BIM模型中一目了然。

2.信息更新迅速：建筑物在漫长的营运使用期间，其结构体里面的设施设备皆各有其耐用年限，建筑物局部的维护修理，以及修建、改建、增建等行为会不断地发生，有些维修是即刻需要的，由于BIM是构件化的3D模型，新增或移除设备均非常快速，也不会产生数据不一致的情形。

3.故障影响分析：在建筑发生事故时，如人为地去查询事故原因进行紧急维修，会导致日常生产生活受到很大的影响。如果采用BIM技术，可以直接导入运维信息与模型匹配，三维模型可以直观显示设备通路，快速查询分析故障和开关位置，以及停用设备所影响的房间范围，并进行紧急维修。

（五）全过程造价控制的优势

作为全过程咨询的项目也好，EPC的项目也好，造价控制是为自身企业创造效益，也是为建设单位提供价值的核心竞争力。BIM技术可以进行从设计阶段到运维阶段全过程的造价控制，在设计阶段和招投标阶段的造价控制优势前文已经谈到了，在施工、竣工阶段主要表现在如下方面：

1.工程进度款结算准确、方便、快捷：引入BIM技术后，全过程咨询企业的造价人员在进行进度款支付时，只需依据当地工程量计算规则，在BIM软件中相应的调整扣减计算规则，系统将自动完成构件扣减运算，更加精准、快速地统计出工程量信息。基于BIM的自动化算量方法将造价专业人员从烦琐的计算中解放出来，极大地提高了工作效率，同时可以使工程量计算摆脱人为失误因素。

2.设计变更、索赔管理更科学：引入BIM技术可以直接将设计变更的内容关联到模型中去，当发生变更的时候，只需将模型稍加调整，软件就会快捷而且准确地汇总相关工程量的变化情况。在模型中，甚至可以将变更引起的成本变化直接导出来，让全过程咨询项目中的管理人员清楚认识方案的变化对成本造成的影响，决定是否采纳变更方案。

3.快速进行结算造价比对工作：传统的合同价与结算价的对比，在BIM技术下将被彻底颠覆。根据BIM模型中的参数化信息，从时间、工序、空间三个维度进行分析对比，对于及时发现问题并纠偏、降低工程费用至关重要，这将大大减少全过程咨询企业在造价控制工作上花费的人力、物力及财力，相应缩短了结算、竣工决算的审核、协商时间，有效降低了商务争议发生的可能。

4.造价数据高效共享：BIM的技术核心是一个由计算机三维模型所形成的数据库，任意构件工程量、市场价格信息、工程变更，等等，都会形成一个BIM的数据库。这就避免了传统造价工程师在数据上无法完全与其他工程师共享，导致工作上的协同性下降，甚至由于造价工程师的流失导致公司核心业务数据的处理能力下降。

三、BIM对于全过程咨询企业转型的契机

利用BIM实现工程的信息化功能在当前建筑领域各个环节的应用中都有一定的局限。例如：基于自身利益的考量，施工单位不会主动运用碰撞检验减少变更，原因是会对索赔产生的利润有影响；基于委托合同的职责约定，造价咨询单位对BIM技术的应用主要集中在算量和造价控制，其他功能不会关注；基于现行设计成果的强制性审查要求，设计单位很少采用BIM技术进行设计、提交全套BIM设计成果，往往只是在CAD设计完成后由其他部门进行建模，作为设计单位的一个职能部门就很难如前文谈到的对设计成果进行调整和优化，设计单位对BIM技术其他应用成果的提供既无义务、也不感兴趣。

建设单位对BIM技术的应用是最全面的，效益也是最大的，但是BIM应用需要各类专业能力的综合保障，重点项目、新型项目对很多建设单位而言是通常是一次性的，受限于自身能力和资源，业主自主运用BIM带来了成本增加和应用效果不佳的问题。如单独从外部市场聘请BIM咨询公司则和施工、设计、招投标、造价咨询等协作单位存在沟通协

调的诸多不便。

作为专业的全过程的咨询企业，在具备科学、高效的项目管理流程、标准、规范的作业标准，常规、有效的管理手段，富有专业管理能力和经验的团队优势基础上，结合项目需求组建BIM团队融入项目全过程管理，以全过程咨询的视角将设计、施工、监理、招投标、造价咨询、运维等从BIM技术的角度进行综合管理，最能发挥使用效率和效果，最能发挥BIM人才的优势，最能使BIM技术使用成本降低，最能为建设单位创造价值。

四、全过程咨询企业开展BIM业务转型的重点和步骤

咨询单位作为服务企业，主要承担项目的策划、组织、协同、控制与管理职能。不需要投入大量硬件设备进行生产，BIM除了对软件技术的需求外，基本都是建立在工程项目管理和传统的资产管理需求上，也可视为服务的一种增值。企业对BIM技术的运用能力和对BIM技术人才管理能力的要求很高，全过程咨询企业进行BIM业务转型的重点还是管理思维和管理方式的转变。

1. 作为全过程咨询企业，不要单纯地以建模和寻找应用点的角度去实施BIM技术，应该从BIM技术的角度对咨询企业的流程进行改造，让项目管理、工程监理、造价咨询、招投标代理等模块在BIM技术的统筹之下发挥应有的作用和优势。

2. BIM人才不仅仅是建模人才，而应该定位为具有综合管理能力的项目经理级管理人才，通过让项目经理学会BIM技术或从BIM建模人才中寻找具有项目经理潜质的人才，培养其对建筑设计的理解能力和造价管理能力，成为整合全过程项目管理工作的复合型人才。

3. BIM技术的运用不是另起炉灶的管理模式，要对接咨询企业业已成熟的管理体系、程序、标准和手段，把企业的既有优势和服务能力通过BIM技术的运用放大，通过BIM技术改造传统管理模式，最大化提升服务价值。

为此，有条件开展全过程咨询的企业需要尽早布局，着眼业务、管理与技术转型升级针对性开展如下工作：

1. 拟定企业BIM技术发展规划，初步明确阶段性目标。培养、组建企业BIM团队，尤其是重视团队的牵头人选拔。

2. 以点带面，以重点项目的BIM运用作为切入点，实现BIM技术的部分运用点在项目上的实际落地；通过项目的BIM实践，不断锤炼专业团队、深化BIM技术在项目中的运用。

3. 梳理、提炼项目BIM运用成果，据此不断完善企业现有程序、流程、作业标准，优化管理手段；通过BIM阶段性目标的实现，发挥"组合拳"威力，逐步形成全过程咨询的企业成果与体系，打造差异化、核心竞争能力。

五、全过程咨询单位进行BIM业务转型的必要性

如果将规划看作是BIM的起步阶段，那么设计则是BIM实施的基础阶段，施工是BIM的集中利用阶段，后期资产维护运营则是BIM价值最大化获益阶段。从行业的发展方向来说，咨询行业应该是走向全过程的工程咨询企业发展，而全过程的工程咨询必然要从BIM技术入手，从规划设计到运营维护在全过程中为客户提供增值服务，而这正是BIM技术作为全寿命周期工程建设技术产品的价值所在，应在全过程工程咨询的思路上充分挖掘BIM技术价值，转化为企业的核心竞争力。

结语

BIM技术在国内工程建设领域的发展虽然还在初期阶段，BIM技术在全过程咨询企业中能够生根、发芽、开花、结果还需要经过每个全过程咨询企业在项目应用中的不断摸索。面对未来的机遇与挑战，全过程咨询企业应该吸取更多的新技术，不断优化自身企业的BIM综合应用能力，走出一条有科技含量，有核心竞争力的BIM变革之道！

参考文献

[1] 杨宝明.BIM改变建筑业.北京：中国建筑工业出版社，2017.
[2] 张正.BIM应用案例分析.北京：中国建筑工业出版社，2016.

全过程工程咨询刍议

谷金省

浙江江南工程管理股份有限公司

摘　要：全过程工程咨询是政府鼓励新的工程建设组织模式。由于全过程工程咨询尚无统一的定义与标准，涵盖的内容也处在讨论与试点阶段，本文对其定义、理解、合同结构体系、参建各方的关系与责任等进行了分析，以加快全过程工程咨询的认知与推广。

关键词：全过程工程咨询　目的　定义　理解　合同结构体系　关系与责任

引言

随着市场经济的发展和改革开放的深入，经济发展进入了新常态，改革也进入了深水区。增长速度正从高速增长转向中高速增长；经济发展方式正从规模速度型粗放增长转向质量效率型集约增长；经济结构正从增量扩能为主转向调整存量、做优增量并存的深度调整；经济发展动力正从传统增长点转向新的增长点。整个宏观经济进入新常态按照四个"转向"在调整，作为传统行业的建筑业不可能置身度外。

传统的建设模式是将建筑项目中的设计、施工、监理等阶段分隔开来，各单位分别负责不同环节和不同专业的工作，这不仅增加了成本，也分割了建设工程的内在联系，在这个过程中由于缺少全产业链的整体把控，信息流被切断，很容易导致建筑项目管理过程中各种问题的出现以及带来安全和质量的隐患，使得业主难以得到完整的建筑产品和服务。为此，我们提出了"全过程工程咨询"。

一、全过程工程咨询提出的目的

全过程工程咨询服务模式推出的目的是打破传统碎片化的咨询服务模式，通过一家单位整体把控整个工程建设产业链，高度整合、有效融合各个咨询服务专业，变外部协调为内部协调，有效降低服务成本，缩短工期，提升工程建设质量和效益。[1] 全过程工程咨询要发挥市场在资源配置中的决定性作用，以市场化为基础，以国际化为导向，通过整合优化行业、产业、人才资源配置，培育既熟悉国际规则又能符合国内建筑市场需求的高水平工程咨询服务企业和人才队伍；鼓励有能力的工程咨询企业积极参与国际竞争，推动中国工程咨询行业"走出去"，为实现"一带一路"战略服务。

二、全过程工程咨询的定义

目前对全过程工程咨询尚没有统一明确的定义。住建部在2018年3月15日发布的《关于推进全过程工程咨询服务发展的指导意见（征求意见稿）》（建市监函〔2018〕9号）指出，全过程工程咨询是对工程建设项目前期研究和决策以及工程项目实施和运行（或称运营）的全生命周期提供包含设计和规划在内的涉及组织、管理、经济和技术等各有关方面的工程咨询服务。全过程工程咨询服务可采用多种组织方式，为项目决策、实施和运营持续提供局部或整体解决方案。工程咨询企业可根据企业自身的优势和特点积极延伸服务内容，提供项目建设可行性研究、项目实施总体策划、工程规划、工程勘察与设计、项目管理、工程监理、造价咨询及项目运行维护管理等全方位的全过程工程咨询服务。

笔者认为住建部对全过程工程咨询的定义及其内容与《建设工程项目管理试行办法》（建市〔2004〕200号）文件一脉相承，与《湖南省全过程工程咨询试点工作方案》（湘建设函〔2017〕446号）、《福建省全过程工程咨询试点方案》（闽建科〔2017〕36号）等文件中的表述相比，更加清晰、更加准确。

三、全过程工程咨询的理解

（一）成果的非物质性

工程咨询是以技术为基础，结合适用多学科知识、工程实践经验、现代科学和管理方法，为经济社会发展、投资建设项目决策与实施全过程提供咨询和管理的智力服务。全过程工程咨询业当然也是工程咨询。既然是工程咨询，那么就应该具有工程咨询成果非物质性的特点。

工程咨询成果非物质性与工程总承包最终提供有形的物质产品是不同的。工程总承包虽然也涉及勘察设计等咨询成果，但其目的是提供有形的物质产品。工程总承包是"包工程"，是将无形的智力成果与有形的、分散的材料、机械设备相融合并最终物化为建筑产品，形成固定资产的行为，工程总承包最终提供的是有形的物质产品。[2]

（二）服务的相对性

全过程工程咨询首先强调了"全过程"。既然全过程工程咨询服务模式推出的目的是要打破传统碎片化的咨询服务模式，通过一家单位整体把控整个工程建设产业链，高度整合、有效融合各个咨询服务专业，变外部协调为内部协调，有效降低服务成本，缩短工期，提升工程建设质量和效益，那么全过程工程咨询是不是一定是建设项目的全过程呢？笔者认为对于全过程的理解，应该是"相对"的全过程，而不是"绝对"的全过程。其相对的对象可根据委托人的不同，其委托全过程工程咨询的内容也有所不同。

对于建设单位委托的新建项目的全过程工程咨询，其全过程的理解应为"绝对的全过程"，即建设项目的全寿命周期，而不是项目建设的全周期。建设项目的全寿命周期一般包括项目的前期（即策划与决策阶段）、项目建设的全周期（即项目工程设计与工程施工阶段）、项目的使用期（即项目的交付保修、运维管理），而项目建设的全周期则只包括前两个阶段＋保修期，而不包括项目使用期的运维管理。需要指出的是项目寿命到期之后的拆除应包含在新项目的征地拆迁内容之中，不包含在本项目的使用期内。

对于承包商委托的全过程工程咨询，其全过程就应该是"相对的全过程"，是承包商合同范围内的全过程，而不一定是建设项目的全寿命周期；对于政府投资决策部门委托的全过程工程咨询，其全过程就可能是项目评估的全过程，也可能是项目后评价的全过程，也是"相对的全过程"。

同理，《关于推进全过程工程咨询服务发展的指导意见（征求意见稿）》（建市监函〔2018〕9号）中提出的"全方位的全过程工程咨询服务"也应该理解为相对的全方位，即"相对于全过程的全方位"。

（三）内容的回避机制

全过程工程咨询也应当按照现有法律法规遵循"回避机制"。如果全过程工程咨询的内容当中包含了前期的项目建议书、可行性研究报告、环境影响评价等内容，那么根据"回避机制"，该项目全过程工程咨询的业务就不能涵盖本项目的项目评估，也不能涵盖本项目后评价的相应内容，但可以包含后评价的自我评价，可以组织协调相关事宜，为项目后评价创造条件。

四、全过程工程咨询的合同结构体系

（一）代理型全过程工程咨询

《关于推进全过程工程咨询服务发展的指导意见（征求意见稿）》（建市监函〔2018〕9号）中指出，对于全过程工程咨询的组织模式，可采用多种组织模式，但根据其《建设工程咨询服务合同示范文本（征求意见稿）》咨询酬金的计取方法，可以得出其推荐的合同模式为"代理型的全过程工程咨询"或"管理型的全过程工程咨询"，其内涵为项目管理式的全过程工程咨询。即用专业化的咨询管理公司来代理原业主方的管理职能，通过职业化、专业化的经济、技术、管理人才打通、整合全过程工程咨询的产业链，高度整合、有效融合各个咨询服务专业，变外部协调为内部协调，以有效降低服务成本，缩短工期，提升工程建设质量和效益。那么其合同结构示意图如图1。

在这种合同模式下，全过程工程咨询单位与工程承包商、材料供应商、设备供应商等供应商之间没有合同关系，但存在管理与被管理的关系。全过程工程咨询单位与转委托单位之间有合同关

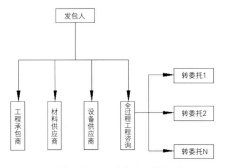

图1 代理型的全过程工程咨询合同结构示意图

系,当然也存在管理与被管理的关系。

(二)代建型全过程工程咨询

代建型全过程工程咨询,它对标的是项目的代建制。即在原代建制的基础上,增加前期咨询策划、勘察设计、工程监理等内容,它与"代理型全过程工程咨询"在合同结构上最大的区别是,所有的承包商均与全过程工程咨询单位签订合同,全过程工程咨询单位承担建设项目工期、进度、质量、投资等全部的风险,这种合同结构的全过程工程咨询也可称为"风险型全过程工程咨询",其合同结构示意图如图2。

当然在这种合同结构体系下,代建型全过程咨询承担了全部的风险,理应获取更大的酬金。因此代建型全过程咨询酬金的计取,应在代理型全过程咨询酬金的基础上增加相应的风险费用,并在工作结束后,根据目标完成情况,给予奖励或处罚。

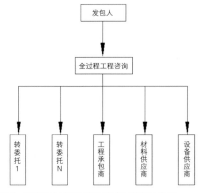

图2 代建型全过程工程咨询合同结构示意图

五、全过程工程咨询下的关系与责任

(一)全过程工程咨询下的各方关系

全过程工程咨询的项目负责人我们称之为总咨询师。总咨询师与建筑师负责制的定位是不是有重叠?笔者同意尹贻林教授的观点,即两者的出发点不同。总咨询师负责全过程工程咨询项目,与房屋建筑领域推行建筑师负责制出发点不同。建筑师负责制主要是从便于推进EPC和DB工程总承包角度出发,从技术角度使建筑师负责设计和施工两阶段的任务,把DBB模式常用的技术交底变成DB的一体化技术负责。而总咨询师则是从代业主建设角度出发,使项目策划、设计管理、招标代理、施工管理、竣工验收,以及贯穿始终的投资管控集成于一体,打破传统碎片化的咨询服务模式,提升项目的效果效益。

《关于推进全过程工程咨询服务发展的指导意见(征求意见稿)》(建市监函〔2018〕9号)中指出,全过程工程咨询包含项目监理,那么总咨询师与总监理工程师是不是有职能的重叠呢?其实对必须实行监理的工程建设项目,总咨询师可以由具备注册监理工程师职业资格并在全过程工程咨询企业注册的执业人员履行项目总监理工程师职责并承担总监理工程师的法定责任,也可以由全过程工程咨询企业另外指定符合要求的人员担任项目总监理工程师,履行相应职责。

同理,对于勘察单位项目负责人、设计单位项目负责人与总咨询工程师的职能认定同总监理工程师的描述。

(二)全过程工程咨询下的各方责任主体

对于实行了全过程工程咨询的建设项目,参建各方的质量安全责任该如何承担呢?2014年8月25日住建部发布了《建筑工程五方责任主体项目负责人质量终身责任追究暂行办法》(建质〔2014〕124号)文件规定,建筑工程五方责任主体项目负责人是指承担建筑工程项目建设的建设单位项目负责人、勘察单位项目负责人、设计单位项目负责人、施工单位项目经理、监理单位总监理工程师,并不涉及总咨询师。在全过程工程咨询下对于施工单位项目经理其责任毫无争议,如总咨询师还担任了勘察、设计的项目负责人或总监理工程师,那么总咨询师就承担其相应的责任。

建设单位的项目负责人的责任由谁来承担呢?笔者认为,应根据不同的合同结构体系进行划分。在代理型全过程工程咨询合同结构体系下,其内涵是项目管理式的全过程工程咨询,建设单位项目负责人的责任还应该按照现有的法律法规体系承担。对于代建型全过程工程咨询合同结构体系下,建设单位项目负责人的相应责任就应由总咨询师承担。

六、结束语

全过程工程咨询是一种全新的工程组织管理模式,目前还处在试点阶段,不同的角度、不同的人群均有不同的认知与解读。百花齐放、百家争鸣是提高认知的好方法、好途径,能够尽快建立全过程工程咨询服务技术标准体系,促进全过程工程咨询服务科学化、标准化和规范化,提高建设项目的效果效益。

参考文献

[1] 徐小张.关于全过程工程咨询试点工作的思考[J].建设监理,2018(01):35-37.
[2] 韩如波,郑冠红.浅要分析工程总承包与全过程咨询的差异与联系[N].中国建设报,2018-04-27(8).

洞室工程岩石级别变化引起的变更探讨

寇成昊[1]　肖程宸[2]
1.中国水利水电建设工程咨询北京有限公司；2.国网新源控股有限公司技术中心

> **摘　要**：本文就岩石级别变化引起的工程变更进行探讨，并通过某电站洞室工程岩石级别较合同文件变化导致施工成本费用增加的案例进一步分析岩石级别变化引起变更的原因；并深入剖析了岩石级别变化时的处理方法，以及提出了在招投标阶段和合同签订的过程中针对岩石级别界定的建议，尽量减少洞室工程岩石级别变化引起的大量变更。
>
> **关键词**：岩石级别　洞室工程　变更

引言

在水电站建设过程中，首部枢纽工程、引水系统工程及厂房枢纽工程作为电站的几大主体工程，投资大，工期长，施工条件受多种因素的影响和制约，尤其洞室开挖的地质情况复杂，工程结构多样[1]，石方开挖量巨大，工程实施过程中若发生岩石级别的变化，将会导致工程造价的大量增加，从而引起工程变更。

在近几年无论是抽水蓄能电站还是常规水电站工程建设中都发生过岩石级别较合同文件变化导致施工成本费用增加，施工单位向业主提出施工成本补偿的情况。此类情况缘何，首先展开两个案例来说明。

一、岩石级别变化的案例

（一）岩石级别增加的案例

某A抽水蓄能电站地下厂房土建工程招标文件中关于地质描述的资料分析，岩石级别为X级，实际施工中承包人从PD07、尾水、引水系统中用地质钻机取出四组岩心进行容重、抗压强度等试验进行验证，试验结果显示，岩石级别为XII级。监理、业主、设计及施工单位四方对岩石进行联合见证取样，由业主方送检监理方见证，将取样样品送检至权威机构进行检测，检测报告结果岩石级别为XII级。并根据现场开挖揭示情况，经参建各方联合确认，输水隧洞、地下厂房系统基岩为粗粒花岗岩，微风化~新鲜岩石属极硬岩，粗粒花岗岩属于XI级，中粒花岗岩属于XIII级，综合评定岩石级别为XII级。由于岩石级别发生变化，使得施工难度增大，施工成本增加，为此施工单位要求对岩石开挖各单价进行补差，补偿费用总计近千万元。

由于此标段合同文件中明确写到："本工程的'水文气象'及'工程地质'资料仅供投标人参考，施工期间由于'水文气象'及'工程地质'的变化引起的费用，不作为索赔依据。"因此，此项费用补偿的申请不能通过索赔的方式实现。

然而，合同条款第39.1条又写到："任何一项变更引起本合同工程或部分工程的施工组织和进度计划发生实质性变动，以致影响本项目和其他项目的单价或合价时，发包人和承包人均有权要求调整本项目和其他项目的单价或合价，监理人应与发包人和承包人协商确定。"于是，承包商通过变更的方式根据现场实际情况提出变更建议书，四方共同取样，第三方单位进行了试验，最后设计单位根据试验结果出具了设计修改通知单，业主单位对设计修改进行了确认，属于承包商提出的变更，变更手续齐全，按照合同条款相关规定给与承包商费用补偿，经监理和业主审核后的费用补偿为980万元。

针对岩石级别变化涉及的石方工程、锚杆支护工程、钻灌工程取代表性的单价按岩石Ⅹ、Ⅻ级分别套用承包商投标时采用的2002年版水利工程预算定额进行价格对比，如表1所示。

由表1可见，岩石级别变化对石方工程的影响相较于锚杆支护工程和钻灌工程要大得多。由于石方开挖工程量巨大，岩石级别的提高引起石方开挖钻头、炸药等消耗材料大量增加，开挖难度的加大使得开挖机械和开挖方法也可能随之改变，最终导致施工成本的大幅增加。

（二）围岩类别比例变化的案例

某B常规电站的导流洞招标图纸中Ⅲ类围岩长度为1669m，Ⅳ、Ⅴ类围岩长度为181m，但在施工过程中根据业主、设计、监理、施工单位四方认证的实际地质条件（围岩类别）的情况，较招投标时发生较大变化，即Ⅲ类围岩开挖实际长度为1177m，Ⅳ、Ⅴ类围岩开挖实际长度673m，Ⅳ、Ⅴ类围岩长度增加492m。承包人的投标文件技术部分以及施工组织设计中，关于石方洞挖及支护工程施工的"开挖作业循环"的内容为："根据支洞地质条件及岩性、技术规范要求、开挖方法、有关经验公式和以往施工经验，爆破设计按'短进尺、弱爆破、少扰动'的原则进行，按围岩类别严格控制最大一段起爆药量。循环进尺根据不同围岩类别暂定为：Ⅱ、Ⅲ类围岩3.0~3.5m，Ⅳ、Ⅴ类围岩1.0m~1.5m；设计轮廓采用光面爆破"，具体开挖循环时间如表2所示。

在实际施工过程中影响承包人的具体表现为：当遇到Ⅳ、Ⅴ类围岩时，承包人在钻爆一茬炮后，请业主、设计、监理到现场查看，确定当前位置的支护方式（是否设置钢支撑）以及下一茬炮的开挖方式，若四方确定设置钢支撑，则钢支撑制作、安装会影响正常的开挖进度，并造成相应人员、设备的闲置。另外Ⅳ、Ⅴ类围岩施工处岩石破碎发育，现场施工条件差，施工难度大，卡钻现象普遍，钻工效率降低，导致爆破、装运工序的人、机也同样滞后，进而项目管理成本也随之增加。

由于招标时导流洞中Ⅳ、Ⅴ类围岩占9.78%，施工中实际占36.38%，增加了26.6%（492m），符合合同条款中39.1中"变更增加或减少合同中关键项目的工程量超过10%"的约定，项目变更立项成立。但本合同中石方洞挖单价为综合单价，并未区分不同围岩类别所对应的开挖单价，不能按照围岩类别进行差异化单价的变更。经各方协商最终按照施工降效造成施工资源闲置，以相关人员、设备的窝工方式进行补偿。即根据实际施工中Ⅳ、Ⅴ类围岩

A电站岩石级别变化引起的单价变更对比表　　　　表1

	单位	调差工程量	投标单价（Ⅹ）（元）	变更单价（Ⅻ）（元）	价差（元）	合价（元）
引水系统石方洞挖	m³	39575.21	186.19	226.25	40.06	1585383
机组段石方洞挖	m³	145292.18	65.01	73.01	8.00	1162337
洞内锚杆φ22 L=3m	根	2160	95.43	107.68	12.25	26460
钻固结灌浆孔L=4m	m	6647.66	15.89	22.36	6.47	43010.36

B电站导流洞开挖支护排炮作业循环时间估算表　　　　表2

工序部位	时间单位	测量放线	超前支护	钻孔	装药爆破	通风散烟	安全处理	围岩支护	出渣	清底	循环时间
Ⅱ、Ⅲ类围岩洞段	h	1.0	0	6	2.0	0.5	1	0	5	0.5	16
Ⅳ、Ⅴ类围岩洞段	h	1	5	3	1.5	0.5	1.5	4	3	0.5	20
备注	①Ⅱ、Ⅲ类围岩系统锚杆及喷射混凝土支护与开挖平行作业，不占直线时间 ②不良地质段超前支护结束后的待凝时间可进行钻孔、装药作业，开挖循环时间中不加钻孔、装药用时 ③Ⅱ、Ⅲ类围岩排炮循环进尺3.0～3.5m，不良地质段排炮循环进尺不大于1～1.5m ④月进尺估算：根据作业循环时间，并考虑时间利用系数及支护影响等，估算结果为：Ⅱ、Ⅲ类围岩洞段：110m/月（单工作面）；不良地质洞段：45m/月										

与Ⅱ、Ⅲ类围岩开挖每米消耗时间的差值，乘以相应增加的长度，得出这增加的492m Ⅳ、Ⅴ类围岩开挖比Ⅱ、Ⅲ类围岩开挖多消耗的时间，以此增加的时间来计算相应开挖、支护各工序的人工和机械的窝工费用。

二、岩石级别变化的原因

从上述案例中，不禁会问，为什么会发生岩石级别变化呢？施工单位在投标时是如何确定岩石级别的呢？

首先，由勘测设计单位根据建设工程的要求，查明、分析、评价建设场地的地质、环境特征和岩土工程条件，对场区及其有关的各种地质问题进行综合描述和评价，形成工程地质资料。

在招投标阶段，设计单位提供工程地质资料，投标单位根据工程地质资料中出现的岩石特征或物理力学性质与定额中的岩石类别分级表对照自行判定岩石级别。尽管施工前进行了大量的地质勘察工作，但由于当前勘察技术手段和方法的限制，加上地质体的复杂多变，期望在施工前完全查明工程岩体的状态、特性，准确地预测洞室工程的岩石级别以及其性质与规模是十分困难的[2]，因此在施工过程中石方开挖后所揭露的岩石存在与招投标阶段判定的岩石级别有差异的可能。若实际的岩石级别高于招投标阶段判定的岩石级别或围岩类别变化较大，以上述的案例为参考，施工成本费用的大幅增加是施工单位难以自行承受的。

再者，岩石级别变化需要设计单位对设计资料及现场测定的资料进行认可，这样就会否定设计单位前期勘探成果的可靠性与准确性。因此，设计单位通常认为招标文件提供的"工程地质资料"只是一种参考，它主要是为设计服务的，不是为报价提供依据。施工单位根据招标时的地质资料进行投标报价，面对施工过程中施工成本的陡然增加必然会重新检测岩石级别，对于局部的岩石级别较合同文件的提高导致的成本增加向业主方申请补偿。那么，由此产生的费用承担与责任主体划分则成为一个棘手的问题。

三、岩石级别变化的处理

（一）合同管理的现状

在当今水电工程涉及工程地质的合同中，大多数业主方都会做出类似的规定："发包人应向承包人提供已有的与本合同工程有关的水文和地质勘探等有关资料，该资料仅供承包人参考。发包人仅对提供资料的准确性负责，不对承包人使用上述资料所作的分析、判断和推论负责。承包人应自行判断地质条件可能发生变化的风险，充分考虑其影响，进行风险分析和决策。在工程实际施工过程中，承包人不得因为局部断层、渗水量、岩石强度和坚固系数、各开挖部位围岩类别以及各类料源的储量、质量等地质条件的变化而提出变更，要求增加费用；也不作为索赔的依据。在工程施工中岩石级别硬度的变化与招标阶段不同时，不再作为岩石开挖变更单价或索赔的理由。"

合同的约定对于岩石级别变化的处

理至关重要，招标文件一般不说明具体的岩石级别，由承包人根据地质资料自行分析判定，如果合同条款未对岩石级别变化进行约束，以后出现的岩石级别变化的风险将由发包人承担。

如果招标文件或合同文件明确约定岩石的级别变化的风险由承包人承担，在一定程度上对承包人是不公平的，因为即使是有经验的承包商也无法预计实际地质情况的变化。例如上述列举的现有某些合同的约定，承包人在工程施工中若出现岩石级别硬度的变化与类别的变化，岩石开挖不能通过变更与索赔要求补偿，承包人承担的地质风险是非常大的。

因此对于岩石级别变化制定出对承发包双方都较为公平的原则是实现双方合作共赢的充分条件。

（二）对合同管理的建议

工程地质资料是由设计单位向业主提供，设计单位是为业主服务，也必然要在设计质量上严格把关，建议设计单位在提供招标地质资料时应明确岩石级别。若不能明确岩石级别，也应明确设计单位的责任，岩石级别的重大变化属设计质量的问题，一旦发生，设计单位也不能置身事外，应为招投标阶段提供的地质资料承担一定的后果。

洞室工程岩石的复杂多样在未开挖前具有一定未知性，在施工过程中有发现岩石级别变化的可能。招标文件或合同文件可约定岩石级别的一个变化范围，如果在约定的范围内，不予调整单价，如果超出约定范围可以进行调价。通过此方式减少洞室工程岩石级别变化引起的大量变更，同时也使合同双方共担风险，较为公平。

调价的原则首先应约定可以调整的单价范围，即与岩石级别有关的单价，例如石方工程、锚杆支护工程和钻灌工程中的相关单价，再按照实际的岩石级别与招标时提供的岩石级别分别套用施工方投标时的定额，计算差价。

（三）岩石级别变化处理的具体步骤

对于已发生岩石级别变化的情况，现总结出以下步骤来处理：

1. 施工单位根据现场实际情况提出变更建议书，说明提出变更的理由。

2. 设计单位对招标提供的地质资料描述的岩石级别进行认定。

3. 业主、设计、监理、施工单位四方共同取样，并由第三方满足资质要求的单位进行试验。

4. 最后设计单位根据试验结果出具设计修改通知单，业主单位对设计修改进行确认。

5. 岩石级别变更成立后，审核施工单位上报的变更单价。

6. 采用施工方投标时的定额，并分别套用招标时的岩石级别和实际的岩石级别计算单价，两者的差额即为补偿的差价；在计算补偿差价时要特别注意施工方申请变更的单价在投标时是否高于套用招标时岩石级别的单价，高于的部分则不予调整；反之若投标时低于套用定额部分也不予补偿调整。

7. 因岩石级别变化也可能会引起工程量的变化，在计算总价时还应对工程量进行再次确认，再用计算出的价差乘以实际工程量即为补偿费用。

四、结论

洞室开挖工程的岩石状况在设计单位提供的工程地质资料中要充分反映，为了避免在施工阶段产生大量因岩石级别变化导致的变更，设计单位应充分重视设计质量，同时业主也要不断地加强合同管理意识，尽可能制定详细的合同约束条件使合同双方风险共担，较为公平。对于地质情况的判断，承包人除了依靠工程地质资料外，也应对施工场地和周围环境进行查勘，并收集有关地质、交通条件以及其他为完成合同工作有关的当地资料，自行判断地质条件可能发生变化的风险，充分考虑其影响，再进行投标报价。总之，不论是业主、承包人，还是设计单位与监理，四方虽然角色不同，但都有一个共同的目的，就是把工程建设好，四方都应充分重视岩石级别变化对工程的影响，保障工程的顺利进行以及各方的合作共赢。

参考文献

[1] 黄仁脱.洞库工程岩石级别变化索赔实例[J].水利水电工程造价，2008（3）：29-30.

[2] 张卫军.洞室开挖施工中地质超前预报的现状及其探测技术[J].西北水电，2007（1）：18-21.

连续梁悬臂施工的线型控制

张晓明

武汉铁道工程建设监理有限责任公司

摘　要：本文阐述了线型监控的目的、方法、内容及线型监控组织体系。提出了在线型监控中各参建单位的职责，通过案例说明建立有效的信息传递机制是线型监控的有力保证，同时指出了线型监控的监理要点。

关键词：悬臂施工　线型监控　组织体系　信息传递　监理要点

一、线型控制的目的

预应力混凝土连续梁悬臂浇注施工时，结构是逐段形成的，其最终成型需经过一个较长而又复杂的施工与体系转换过程。在这个过程中，恒载、预应力与由此产生的徐变和结构体系转换等，都会使结构发生变形。因此，必须对桥梁线型进行控制。其监控目标主要在以下几个方面：

（一）保证桥梁顺利合拢，成桥线型符合设计要求。通过对桥梁结构实施线型监控，使桥梁结构在施工过程中的实际位置（平面、立面）与预期状态之间的误差在规范允许范围之内，保证桥梁顺利合拢，成桥线型符合设计要求。

（二）评定结构的安全性。通过对结构主要截面的应力监控，掌握桥梁施工过程中自重、施工临时荷载，以及由于安装误差和其他不定因素产生的结构内力，得出结构的实际应力状态，使之在允许范围内变化，避免发生工程事故。

（三）评定施工过程中的结构稳定性。桥梁结构的稳定性关系到施工安全以及桥梁建设的成败。根据桥梁结构应力、变形的监测数据，通过施工过程各阶段并稳定分析计算，综合评定施工过程中的结构稳定性，为优化桥梁施工工序提供可靠的数据。

二、监控方法

监控方法包括事先预防监控和事中纠偏监控。一是事先预防监控。在预先分析各种风险因素及其导致目标偏离的可能性和程度的基础上，拟定和采取有针对性的预防措施，是一种预控手段。对于桥梁线型监控的具体实施来说，事先预防监控表现为施工程序的制定，结构计算参数的确定，等等，为了避免误差的产生或者减小误差的影响程度，在制定方案或者计算时应充分考虑可能会出现的情况。二是事中纠偏监控。事先预防监控虽然有积极主动的一面，但也有不足的一面，因为施工过程中有相当多的风险因素是不可预见的，或者是无法定量确认的，因此出现偏差是不可避免的，所以还必须采取事中纠偏监控。对于桥梁线型监控来说，事先预防监控和事中纠偏监控两者缺一不可，必须紧密配合。事中纠偏监控是一种面对未来的控制，通过对产生偏差的原因的分析，研究制定纠偏措施，以使偏差得以纠正，从而使工程实施恢复到原来的计划状态，或虽然不能恢复到计划状态，但可以减少偏差的严重程度。事中纠偏监控则表现为误差的修正，具体为：施工→量测→判断→修正→预告→施工循环过程。

为了控制桥梁的外形尺寸和内力,首先必须安排一些基本的和必要的量测项目,其内容包括主梁各施工工况的标高、主梁控制断面的应力、结构温度场、气温以及对混凝土材料的一些常规试验。在每一工况返回的量测数据,要对这些数据进行分析和判断,以了解已存在的误差,并同时进行误差原因分析。在这一基础上,将产生误差的原因予以尽量消除,给出下一个工况的施工控制指令,使现场施工形成良性循环。

三、监控的内容

(一)施工过程中结构的理论计算。对施工过程中每个阶段进行详细的变形计算和受力分析,是线型控制中最基本的内容。为了达到施工控制的目的,首先必须通过对施工过程中结构的理论计算来确定桥梁结构在施工过程中每个阶段在受力和变形方面的理想状态,并以此为依据来控制施工过程中每个阶段的结构行为,使其最终成桥线型和应力状态符合设计。计算时,必须对部分主要设计参数及时进行测定,以便在计算时对设计参数进行修正。因为设计参数是根据规范或经验选取的,与现场实际有一定的偏差,这些偏差如果不进行修正,必将影响成桥后的线型与内力,因此必须对部分主要设计参数及时进行测定与修正。这些参数包括,混凝土弹性模量、混凝土容重、临时施工荷载、挂篮试验的有关参数等。

(二)施工过程中主梁的高程控制。在悬臂浇筑过程中,合理确定节段混凝土立模标高,是关系到主梁的线型是否平顺、是否符合设计的一个关键。如果在确定立模标高时考虑的因素与实际情况不符,控制不力,则最终成桥线型会与设计有较大偏差。因此,梁段混凝土灌注前立模标高控制尤为重要。设计提供了理论计算各阶段各控制点的挠度,施工中应根据具体情况,充分考虑收缩徐变的影响及预计二期恒载上桥时间,确定待浇筑梁段立模标高,严格按立模标高立模,在每个箱梁节段上布设两个对称的高程控制点,以监测各段箱梁施工的挠度及整个箱梁施工过程中是否发生扭转变形。

根据连续梁悬臂浇筑的特点,每浇筑一个节段,每个悬臂施工节段均为测量断面。考虑到主梁可能发生扭曲变形,每个断面布置两个测点,一般布置在节段前端10cm处。

标高控制主要测试以下四个工况:
1. 挂篮移动前到位;
2. 节段混凝土浇筑前;
3. 节段混凝土浇筑完毕;
4. 节段预应力钢筋张拉完毕。

加强观测每个节段施工中前后三种工况下悬臂的挠度变化,整理出挠度曲线进行分析,及时反馈设计单位,以便准确地控制和调整施工中发生的偏差值,保证箱梁悬臂端的合拢精度和桥面线型。

(三)施工过程中主梁平面线型监控。在0#梁段施工完毕后的梁顶中部设中线控制点,并常与两端中线控制点联测。中线测量包括三个阶段:挂篮定位控制、混凝土灌注前控制和混凝土灌注后复测。从合拢段前4个梁段起,对全桥各梁段的标高和线形进行联测,并在这4个梁段内逐步调整,以控制合拢精度。

(四)扭曲控制。在每节浇筑混凝土前和浇筑混凝土后,对挂兰和混凝土结构控制点的高程和平面线形进行综合分析,以便控制扭曲变形。

(五)施工过程中控制截面应力监测。

1. 测试原理。影响混凝土应力测试的因素很复杂,除荷载作用引起的弹性应力应变外,还与收缩、徐变、温度有关。目前国内外混凝土梁和主塔的应力测试一般通过应变测量换算应力值。即:

$$\sigma_{弹} = E \cdot \varepsilon_{弹}$$

式中:$\sigma_{弹}$为荷载作用下混凝土的应力;
  E为混凝土弹性模量;
  $\varepsilon_{弹}$为荷载作用下混凝土的弹性应变。

通过应变计实际测出的混凝土应变则是包含温度、收缩、徐变变形影响的总应变ε。即:

$$\varepsilon = \varepsilon_{弹} + \varepsilon_{无应力}$$

式中:$\varepsilon_{弹}$为弹性应变;
  $\varepsilon_{无应力}$为无应力应变。

钢弦式应变计是利用应变计内部钢弦频率的变化来反映混凝土的应变。钢弦式应变计的输出信号为钢弦的振动频率,其频率与应变的关系为:

$$f = \frac{1}{2l}\sqrt{\frac{\sigma}{\rho}} = \frac{1}{2l}\sqrt{\frac{Eg\varepsilon}{\rho}}$$

式中:f—钢弦自振频率,Hz;
  l—钢弦长度,cm;
  σ—钢弦所受应力,$\sigma = Eg \cdot \varepsilon$;
  ρ—钢弦材料密度。

实际使用中是将钢弦式应变计进行标定,得到f—ε的关系曲线,根据实测的振动频率和标定曲线即可求出应变ε。应变ε是包含其他变形影响的总应变。即:

$$\varepsilon = \varepsilon_{弹性} + \varepsilon_{徐变} + \varepsilon_{温度场}$$
$$+ \varepsilon_{自身} + \varepsilon_{温差} + \varepsilon_{收缩}$$
$$= \varepsilon_{应力} + \varepsilon_{无应力}$$

其中,$\varepsilon_{应力}$为在混凝土内产生应力的应变,$\varepsilon_{无应力}$为与结构受力状态无关的无应力应变。为了补偿混凝土内部温度应变并消除温度、收缩、徐变影响,在布置应力测点时同时浇筑补偿块,在补偿块内部布置应力测点，放置在现场同等条件下养护。所得结果即为无应力应变 ε，按上述公式即可得到扣除了温度和收缩影响的应变，但仍然包含着混凝土徐变部分。而徐变成分分离较为复杂。当混凝土受力不超过强度的0.4倍时，一般都假定徐变与应力成正比，即线性徐变，适用叠加原理。对于本工程应变测量，我们将根据实测或理论计算确定中性轴应力，校准中性轴的实测应力并识别徐变系数，继而求出其余应力测点的近似应力，采用叠加法计算徐变应变，从而对实测应变进行修正。

2. 测试元件及测点布置。对于混凝土结构，应力测点通常采用使用长、稳定性可靠、抗损伤性能好、设置定位容易及对施工干扰小的埋入式钢弦混凝土应变计。测试元件选用智能型JXH-2型钢弦式应变计，并配合使用ZXY-2型综合测试仪进行测试。另外，为尽可能消除不均匀温度场引起的温度应力影响干扰测量值，测量时机选在凌晨至日出前进行，并同时测量各测点温度。为保证应力测量元件的成活率，在现场埋设时应予以高度重视。钢弦计应与主筋绑扎牢靠，检查合格后再检查编号、检查其是否工作正常有效，否则应立即更换。现场测试负责人还应与施工现场人员充分沟通，避免因振捣引起元件损伤失效。混凝土浇筑完成后及时检查元件的有效性，如果失效已经发生，应及时安装表面式传感器进行补充。为了了解悬臂连续梁内力的真实情况，测点一般布置在支点、四分点和跨中。进行主梁应力测试，温度应力测试，临时联结反力测试及预应力损失测试。

（六）施工误差分析及成桥内力分析。在进行梁段立模标高计算时，主要提供每一个拟浇梁段前后端截面的高差，并兼顾绝对标高，如果出现位移计算结果与实际发生的位移值有偏差，再对高差进行修正。在成桥桥面标高的控制中应以桥面平顺为目标，当施工中某工序或梁段浇筑后标高值与理论值发生偏差，如偏差较小，则在下一个梁段施工中加以调整，若是偏差较大，不必强行在下一个梁段中立即调整过来，而应根据偏差发生的特点找出原因，在后期悬臂浇筑梁段挠度计算时进行修正，在以后的几个梁段中将标高偏差逐步纠正过来。以保证桥面整体线形平顺、流畅及结构内力状态合理。应力分析时，应在实测数据的基础上，考虑不同时间混凝土收缩、徐变和温度等影响。实测应力值与理论计算值的误差应在设计规范允许范围内。

四、线型监控组织体系

为保障线型监控工作的高效运作，必须明确线型监控过程中的各项工作制度和组织制度。为此，应成立由设计、监理、施工、监测单位有关人员组成的监控领导小组，明确各单位的职责范围，总监理工程师应牵头负责各单位的联络协调。

（一）监理单位的职责

1. 接受并转发监控指令。

2. 对施工工况的检查确认。

3. 协调监控和施工、设计之间的关系。

（二）施工单位的职责

1. 及时对各施工阶段有关参数进行测定。

2. 及时掌握现场施工荷载的变化情况，使之不超过设计要求，并及时提供给监控单位。

3. 做好现场测试元器件的保护，同时配合线型监控工作。

（三）设计单位职责

1. 提供设计成桥目标状态。

2. 对监控方案、内容、目标发表意见。

3. 对监控指令予以确认。

（四）线型监控单位的职责

1. 监控单位应根据工程进度、现场条件、监控合同要求等建立现场监控机构，配备相应的人员和设备。

2. 布置监测元器件，发布监控指令。

3. 线型、标高、应力、温度及墩顶位移等测量。

4. 数据计算分析及信息反馈。

五、信息传递机制

线型监控工作如何与施工工况、设计计算相结合是监控成败的关键，如果步调不一不仅贻误工期，而且难以保正桥梁梁跨的质量和线形，因此建立线型监控组织体系内的信息传递机制尤为重要。总监理工程师应牵头负责设计、施工、监控单位的联络协调，根据监理程序、施工工艺和监测步骤，针对它的往复循环性，制定以监理为中心的相互联络的信息传递机制。当然，这个机制要得到建设单位的支持并以文件的形式下发给各单位遵照执行，这里监理组织不仅具有监督管理功能，而且发挥了桥梁纽带作用。

案例：长荆铁路汉江特大桥工程，由中铁十一局集团第一工程有限公司施工，武汉铁道工程建设监理有限责任公司监理，桥全长3996m，其主跨为1孔56m+3孔100m+1孔56m双向预应力钢筋混凝土连续箱梁，采用悬臂浇筑。全梁共分为116个梁段，逐段浇筑，往复循环，是一个较长而又复杂的施工与体系转换过程。项目总监编制了悬臂梁灌注与线形监控协调网络（见下图，图中每一个"信息""指令""反馈"均有时间要求）。制定了以总监理工程师为中心的相互联络协调程序，报业主批准后以文件的形式下发给各单位遵照执行。由于监理的组织协调，使各项工作有条不紊地进行，工程质量和线形监控效果良好，该工程荣获2004年国家优质工程奖。这个项目以监理活动为中心，依据其内部规律及与施工、设计、监控单位的联系，将预应力钢筋混凝土梁悬臂灌注施工控制分解成若干个操作程序，在此基础上把各步骤之间的相互联系、相互制约的关系，利用网络框图直观地表现出来，一目了然，便于操作，易于达到信息传递的协调效果。

六、线型监控监理要点

（一）线型监控一般委托具备相应资质的第三方进行监控，监理按时间要求收集、确认相应资料。

（二）旁站挂篮试验。对每套挂篮都要进行等加载来消除其非弹性变形，测出其弹性变形，为确定立模高程提供基本依据。

（三）检查挂篮预留孔位置准确。当预留孔位置偏差较大时，挂篮不好调至设计位置，导致走行轨不平顺或后锚精轧螺纹钢弯曲。因此必须提高各预留孔的准确度。同时为了防止振捣混凝土时移位，预留孔要用钢筋网固定。

（四）预应力张拉损失、梁体截面尺寸、混凝土材料性能及浇灌重量、施工周期、结构的温度场等对桥面的竖向线形影响比较敏感，应作为精度控制的重点。

（五）预应力张拉对结构线型及结构受力安全均有较大影响，在张拉过程中应对其进行重点控制。

（六）曲线箱梁在预应力张拉时会产生附加的扭矩。此时，如果梁体线型和结构应力的变化较大。要根据计算结果增设工况进行控制。

（七）温度的变化会影响梁体的几何线形，并对梁体的精确线形确定影响较大，各施工阶段的线形测量应在凌晨至上午10点钟之间进行，以消除局部温差造成的与设计值的偏离。

（八）督促施工单位定期观测温度对T构悬臂端挠度的影响，通常在早晨进行初测，在下午5点后进行复测，以消除温度影响。观测后将成果图表进行分析，从而为全桥的立模标高和线形调整提供依据。

（九）检查在T构悬臂灌注施工期间，梁顶面所放材料、机具设备的数量和位置应符合线形控制软件计算模式的要求。在悬灌即将结束时，梁体悬臂浇筑施工时必须严格控制施工荷载的对称，并对墩的变形加强观测。

（十）检查线形控制观测点的标记及保护，避免碰撞后弯折变形。

（十一）通过线形控制将竖向挠度误差控制在15mm内，轴线误差控制在10mm内。

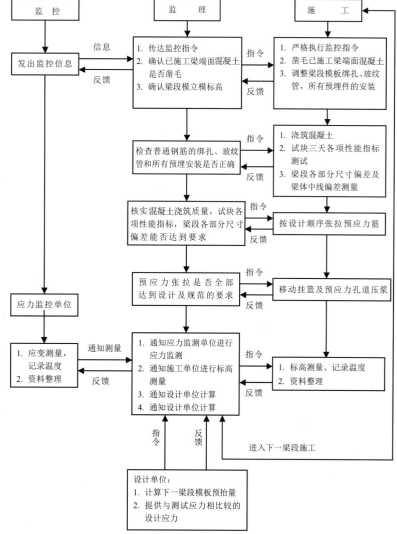

图 悬臂梁灌注与线形监控协调网络

大型群众性活动社会稳定风险评估探索与实践

王佳圆　耿伟　刘金明
北京市工程咨询公司

2012年重大决策社会稳定风险评估指导意见出台以来，各地区各有关部门按照要求，结合各自实际，全面推进重大政策、重大项目社会稳定风险评估（以下简称稳评）工作，取得了明显成效。但大型群众性活动（以下简称大型活动）稳评开展不多。2017年，我们有幸承担了全国大众创业万众创新活动周北京会场稳评。在评估过程中，我们根据以往重大政策、重大项目稳评工作经验，借鉴大型活动安全风险评估方法，对该活动稳评进行了有益的探索与实践，取得了良好效果。因此结合评估实际，我们探索总结了一些评估经验。

一、评估依据

大型活动参加人数多、涉及面广，容易引发活动所在地社会稳定问题，按照相关规定需要开展稳评。目前在开展大型活动稳评时主要依据以下两项国家层面文件规定：

（一）《关于建立健全重大决策社会稳定风险评估机制的指导意见（试行）》（中办发〔2012〕2号）。凡是直接关系人民群众切身利益且涉及面广、容易引发社会稳定问题的重大政策制定、重大项目建设以及其他对社会稳定有较大影响的重大决策事项，作出决策前都要进行社会稳定风险评估。

（二）《大型群众性活动安全管理条例》（国务院令第505号）。面向公众举办的文艺演出、体育比赛、展览展销、招聘会、庙会、灯会、游园会等每场次预计参加人数达到1000人以上的大型群众性活动，由公安机关实施安全许可。

二、风险调查方法及内容

根据稳评工作有关规定，开展风险调查时需要全面收集相关资料，进行现场踏勘并调查，组织开展网络公示、问卷调查、召开座谈会等多种方式的民意调查，征询有关部门意见等。而大型活动一般参与人数多、人员结构复杂且来源不确定，采取网络公示、问卷调查等方式针对性不强，建议根据活动的特点及所在地实际，可以考虑采用如下四种调查方法。

（一）资料调查。收集国家及活动所在地有关大型活动的相关法律、法规及政策，梳理委托方提供的相关活动材料。材料一般包括：一、活动基础信息。包括活动目的、举办时间、地点、活动内容、参与人员、活动规格等。二、活动单位情况。包括各主办单位、参展单位，以及场地施工单位、供餐单位等服务单位。三、参与人员情况。包括活动负责人、现场负责人、现场服务人员、参会人员及媒体工作人员等。四、活动相关制度情况。包括活动安全许可取得、各参与方工作方案制定、安全方案与应急预案制定、岗位责任制度、舆情判断机制，以及信息报告与共享机制等。

（二）现场踏勘。了解活动场地内外条件，包括活动场地人员安全容量、场地出入口与安全通道、人流流线、安检设施设置、临时设施设备搭建、应急救援设施设备、停车场容量、场地周边交通状况以及重要建筑物分布等。

（三）座谈交流。为有效调查收集各方意见，建议与所在地的政府方、活动服务方及专家学者等进行密切沟通。一是与活动所在地维稳、公安、交通等部门以及所在地基层组织进行座谈，了解活动可能存在的不稳定因素，以及安保管理、安全预案制定等相关情况；二与施工单位、相关服务单位等进行座谈，了解场地建筑相关情况、场地布置方案、临时设施搭建、布展材料运用及服务设施运行等；三是与会展、会议等专家学者进行座谈，了解大型活动的各项流程、关键节点工作以及一般可能存在的风险。

（四）类似活动调查。通过文献搜索、网络调查、重点走访等可行方式，了解同类大型活动、所在地类似大型活动举办期间曾引发的社会稳定风险。

三、风险识别与评估

大型活动是一项有目的、有计划、有步骤的组织众多人参与的活动，影响大型活动举办的因素众多，且有明显的不确定性。在开展风险分析与识别时，可以围绕活动举办涉及的人员、场地、不同时间节点可能出现的突发情况以及舆论引导等方面进行评估论证。

（一）人员方面

1. 人员拥挤、踩踏。大型活动开幕式、重要会议举办、活动高潮环节、观众入场退场等时间节点需要重点关注，可能因短时间内人员迅速增加，人流密度较大，发生拥挤、踩踏事件。

2. 治安秩序。大型活动包容性强，活动举办期间，参与人数多且素质参差不齐，可能发生吵架、打架斗殴、偷窃和损毁公共财物等状况，引发现场秩序混乱。

3. 群众集体访。大型活动普遍社会关注度较高，影响力较广，存在群众借机上访以解决历史遗留、久拖未决等问题的可能。

4. 组织协调能力。考虑到活动期间可能存在的人员踩踏、治安、上访及安全等事件事故，需要关注主办方组织管理、突发事件处置等方面的能力。

（二）场地方面

1. 临时设施设备安全性。临时设施设备一般包括高空的悬挂物品、临时拼装的展台或其他构筑物、临时安装的照明设施及电器线路敷设等。临时设施设备一般在活动前搭设完成，需要关注设施设备非正常运行而出现如展台垮塌、悬挂物品坠落、火灾等事故，可能存在的施工抢进度、操作不规范、设备质量不过关等问题。

2. 场地外围交通环境。大型活动参与人数普遍多，观众出行方式的选择直接影响场地周边交通秩序。如自驾观众比例高，在入场退场等时间点导致场地周围道路短时间内交通压力剧增，可能会出现交通堵塞；骑行共享单车观众比例高，可能因随意停放单车，占用场地周围的人行道或车行道，影响正常交通秩序。

（三）突发状况

1. 火灾。大型活动存在诸多不安全状态和不安全行为，是引发火灾事故的主要原因。文艺演出、展览、灯会等大型活动用电设施一般比较多，可能出现电气设备漏电、短路或超负荷运转等故障，引发电气火灾。此外，人为纵火、破坏或吸烟不甚等也可能引发火灾。

2. 停电。大型活动供电方案的合理性与供电设备的可靠性直接关系现场观众的安全，如供电设备损坏、供电线路接触不良或超负荷过载等突发状况造成停电，导致现场观众慌乱、拥挤，出现人员受伤等情况，评估时要给予重点关注。

3. 恐怖袭击。大型活动容易成为个别极端人员报复社会的目标，评估时需要提前了解主办方在有关观众审查程序及方式方法、反恐应急预案等方面的部署情况。

4. 突发公共卫生事件。大型活动的活动内容、举办季节、持续时间等与医疗卫生安全和食品安全密切相关。对于在肠道、呼吸道等传染疾病多发季节举办的活动，需要关注主办方在医疗卫生保障方面的部署情况；对于提供餐饮的大型活动，需要关注餐饮服务单位在供餐标准及质量的安全卫生情况。

5. 其他突发风险。包括暴雨、大风等恶劣天气、人员触电、突发疾病、自杀、劫持人质等小概率事件，也要进行分析评估。

（四）舆论引导

舆论引导一般分为两个基本层面：即社会常态下的舆论引导和非常态下的舆论引导。考虑到大型活动举办期间可能发生突发事件，评估时需要关注主办方在舆论方面的突发处置预案，以及可能采取或利用的引导、把控舆论的方式及条件。

四、有关建议

大型活动风险点多且分散，难以全面把控，给评估工作带来较大困难。为今后更加有针对性、更好地开展大型活动稳评，提出如下建议。

（一）风险调查紧密围绕活动要素。建议在开展风险调查时，需要关注大型活动涉及的人员、场地、物品、事件、制度等各方面，详细了解人员数量、构成及组织方式，调查场地内外人流、车流等交通环境，掌握临时设施设备、食品供应及危险品等情况，全面整理综合协调、安全保卫、应急保障及舆情控制等制度，分析预测可能发生的突发事件。

（二）风险评估遵循系统性与综合性原则。建议在全面了解大型活动流程，详细研究活动主办方、各参与方工作方案的基础上，系统评估活动各环节、重要关键节点上潜在的风险因素。同时，注重对风险因素耦合或叠加时的评估预测，综合考虑多方面的风险及其次生、衍生风险。

（三）制定措施注重风险管控与矛盾化解。建议在风险管控时，从控制参观人员数量、排查安全隐患、加强服务保障能力、提高应急处理水平、降低负面影响等方面出发，制定切实可行的措施。同时，从加强矛盾排查、明确矛盾化解责任人、跟踪矛盾化解进展等方面出发，提出矛盾纠纷控制措施。

某银行总部大楼全过程工程咨询实践体会

杨卫东

上海同济工程咨询有限公司

> **摘 要**：本文通过某银行总部大楼全过程工程咨询服务的实践，阐述了建设工程项目全过程工程咨询在决策及实施阶段的主要咨询服务内容。同时指出全过程工程咨询本质上是一个"1+X"的工程咨询服务体系，是建设领域切实可行的组织管理模式，值得总结和推广。
>
> **关键词**：全过程工程咨询　项目策划　集成化管理

一、项目基本情况

某银行总部大楼项目总投资15.2亿元，其中工程投资10.585亿元。总用地23504m^2，容积率≤3.7，建筑高度150m，地上31层，地下2层，包括主楼及东、西附楼。项目按照甲级标准智能建筑设计，以功能需求为出发点，以建筑为平台，兼备建筑设备、办公自动化及通信网络系统，集结构、系统、服务、管理及它们之间的最优化组合，向业主提供一个安全、高效、舒适、便利的建筑环境。

本工程计划的建设周期54个月，其中施工工期36个月。

二、全过程工程咨询服务的范围和内容

业主通过公开招标委托同济工程咨询公司担任全过程工程咨询服务，涵盖决策阶段（取得土地使用权开始）、实施阶段（勘察、设计、施工以及竣工验收等）全过程项目管理和咨询服务，代表业主对项目决策、项目实施全过程进行策划、组织、管理和控制。

具体服务内容包括进行项目前期策划、规划和项目报建报批手续办理，设计任务书的编制、勘察设计的招标策划和管理、勘察设计过程的管理，工程承发包及采购的策划和管理，现场业主方管理，工程的竣工验收等各阶段对项目投资、进度、质量和安全目标实施控制、并对工程合同和信息实施进行有效的管理。

三、全过程工程咨询机构的组建和职责分工

（一）工程咨询机构的组建

公司依据咨询委托合同约定的服务范围和内容，项目的特点和管理重点等状况组建了全过程工程咨询机构，如图1所示。

（二）明确岗位职责和分工

项目实行项目经理负责制，并配备了各专业部门的负责人和相应的咨询工程工程师。项目经理明确各部门和人员的岗位职责和分工，报公司审批。项目经理的主要职责明确如下：

1. 负责组建项目工程咨询机构，明确咨询岗位职责及人员分工，并报送公司批准。

2. 组织编制工程咨询服务规划及工作制度，明确咨询工作流程和咨询成果文件要求。

3. 组织审核咨询实施细则。

4. 根据咨询工作需要及时调配工程咨询人员。

5. 统筹协调全过程各阶段、各专项咨询服务工作，监督检查咨询工作进展

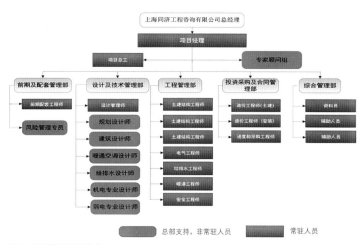

图1 工程咨询组织机构

情况,组织评价咨询工作绩效。

6. 参与重大决策,在授权范围内决定咨询任务分解、利益分配和资源使用。

7. 审核确认工程咨询成果文件,并在其确认的相关咨询成果文件上签章。

8. 负责检查、考核咨询机构各类人员的工作状况。

9. 参与或配合工程咨询服务质量事故的调查和处理。

(三)制定全过程工程咨询服务规划

制定全过程工程咨询服务规划的内容包括:工程概况;咨询工作范围和内容(如图2所示);咨询工作目标及特点;咨询工作重难点及应对策略;咨询工作流程;咨询工作的方法和措施;咨询工作成果等。工程咨询服务规划经公司技术负责人审批后报送建设单位确认后实施。

四、决策阶段的主要服务工作

项目决策阶段工作对整个建设项目影响重大,是全过程工程咨询的主要阶段。通过项目策划工作为项目的决策提供依据,并可以有效指导方案设计阶段的工作方向和具体内容。项目的策划工作包括:

(一)项目的环境调查和分析,包括项目所处的建设环境、建筑环境、市场环境、政策环境以及宏观经济环境等。如场地建筑环境的调查如下:

● 场地现状:场地已平整,无贯通道路和市政管网,四周已经有围墙封闭,因受机场影响实体建筑限高150m等。

● 周边状况:西侧为金融及商业板块,南侧毗邻江边景观带及滨江大道;北侧和东侧为规划建设中的城市道路及商务金融区。

● 交通状况:南侧毗邻滨江大道,西侧为鳌峰支路,北侧和东侧为规划建设中的城市道路,通过城市快速路,行程28km可达国际机场等。

● 基础设施条件:供水、供电、燃气、通信与网络、排污、雨水等已基本具备条件。

● 自然条件:气候气象、地形地质、场地地下水、环境保护状况及要求等情况需进一步收集、了解或探明等。

(二)项目定义和论证,包括项目建设目标分析和论证、项目总体构思、定位策划、功能策划、项目总投资和建设周期等。如目标分析和论证包括:

● 投资控制目标:必须控制在批复的概算投资额内(工程总投资控制在10亿元内)。

● 进度控制目标:建设周期必须控制在48个月(决策期+实施期)。

● 工程质量目标:满足质量验收标准和使用功能要求,一次验收合格率100%,并力争获得省级质量奖。

● 安全、文明施工要求:无重伤及重大安全生产事故发生。

以上投资、进度、质量和安全目标具体确定需由业主和咨询单位共同进行论证后确定,并作为项目实施阶段各目标分解的依据。

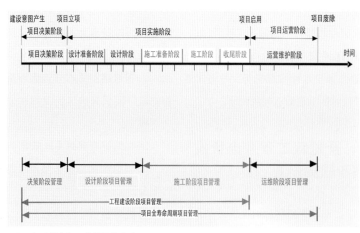

图2 全过程咨询工作范围和内容

（三）组织策划，包括各阶段项目组织结构分析、任务分工以及管理职能分工、工作流程和项目编码体系分析等。本项目我们基于项目结构分解（PBS）策划了整个项目的组织结构，如图3所示。

（四）管理策划，在确定项目总体组织管理模式的基础上制订决策阶段（策划和规划）以及实施阶段涉及投资、进度、质量、安全、合同、信息等管理方案。如图4所示。

（五）合同策划，包括确定各阶段项目合同结构总体方案、确定各种合同类型和文本采用等。本项目我们基于项目结构分解（PBS）策划了整个项目的合同结构，如图5所示。

（六）经济策划，包括项目总投资估算、项目建设成本分析、建设效益分析、资金需求及筹措方式、融资方案和资金需求量计划等。

（七）技术策划，包括技术方案和关键技术的分析和论证、工艺对建筑的功能要求、采用的技术标准和规范等。

（八）信息管理策划，包括信息系统及平台建设规划、信息管理软件选择、使用和维护的总体方案等。

（九）风险分析，包括对政治风险、政策风险、经济风险、技术风险、组织风险和管理风险等进行分析，制订风险管理总体方案。

通过项目策划工作，形成投资机会研究、项目建议书（预可行性研究）编制、项目可行性研究及评估、项目环境影响评价、项目安全风险评估、项目社会稳定风险评估、项目核准及备案咨询、项目资金申请咨询等一系列的咨询和评估结论，可为项目决策和实施提供依据。

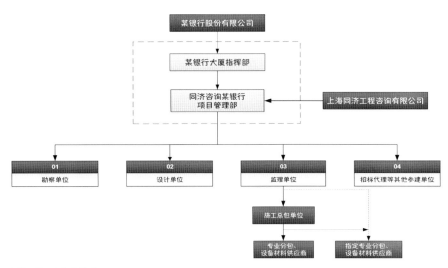

图3　项目组织结构图

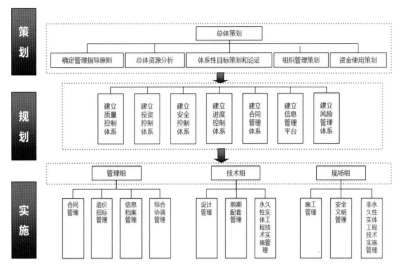

图4　各阶段管理内容方案策划

五、项目报建报批的主要服务工作

工程建设离不开政府的监督和管理，项目的报建报批工作为承上启下的关键环节贯穿项目建设的整个周期，其中的沟通协调、解释配合工作格外重要。同时可提供专业的政策咨询、政府咨询。外配套工作的效率，可体现项目咨询的专业性。

充分了解项目建设背景，项目基本建设程序要求，整合勘察设计资源、设计内容并保持紧密联系，是项目报建报批的关键。本项目报建报批工作中的实践体会：在全过程咨询模式下，通过专人驻场、人员资源快速调配将更加高效地处理发现的问题，可以有效缩短审批周期。

从立项决策阶段起至项目交付使用，项目报建报批工作主要节点分为立项批复、国有土地使用权证、用地规划许可证、规划方案审查、工程规划许可证、施工许可证、竣工验收合格书、房屋产权证等。

图5 项目合同结构图

六、勘察设计阶段的主要服务工作

勘察及设计阶段在以往的项目咨询模式中，由数家单位分别开展，地理位置、人员、组织机构的极大差异，往往造成沟通不畅、来往不便、效率低下等问题，不仅延长了建设周期，设计理念的偏差也造成了一定的经济损失，且因设计导致的很多问题有责任划分不清，处理不及时的现象。

在全过程工程咨询体系中，上述问题可迎刃而解。在咨询单位统一规划下建立了前、后长效管理及沟通机制，不仅能大大提高问题沟通的便捷性，更系统地解决了设计协同问题，极大促成了勘察及设计的连贯性，合理有效地贯彻了决策意图，保证了项目实施阶段设计意图的贯彻和设计管理的顺畅。做到了资源的有机整合，如图6所示。

七、项目招投标、合同及造价管理的主要服务工作

本工程除勘察、设计、施工、监理等招标外，涉及大量分包工程、货物和服务的采购，业主专门委托了专业的招标代理单位。作为业主方招标咨询单位，重点是协助业主进行招标方案策划和落实招标计划的执行，审核合同的界面管理。具体工作中体会到要做好以下几点：

1. 重视招标方案的策划以及招标计划的合规性、可操作性。
2. 重视潜在投标者的资格预审。
3. 重视招标文件编制的针对性。
4. 合理划分专业分包的范围。
5. 合理设定合同方式。
6. 重视工程量清单和招标控制价的

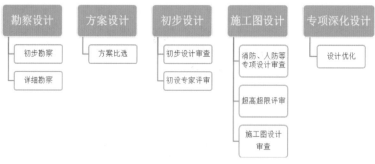

图6 全过程工程勘察设计

编制审核。

7. 精心确定评标办法。

8. 认真做好回标分析。

9. 精心组织合同洽谈。

下表是招投标、合同及造价管理各方的任务分工表。

八、施工及验收阶段的主要服务工作

本项目业主专门委托了施工监理单位，作为项目咨询管理单位，重点是依据相关法律法规、标准规范、设计文件、相关工程合同检查督促监理单位履行监理职责，落实业主方在投资、质量、进度、安全等方面的职责。如目前基于现行的法律法规，赋予业主方下列主要安全责任，作为咨询单位需协助好业主的工作，制定建设项目安全生产监督管理方针、原则，建立自身安全生产管理体系和应急预案。

1. 遵守安全生产法律、法规，依法承担安全生产责任，保证建设工程安全生产。

2. 督促参与各方建立安全生产管理制度，并通过监理单位检查其落实及运行情况。

3. 为项目参与单位提供确保安全生产的基础资料，提供必要的、确保生产安全的支持。

4. 编制工程概算时，应确定建设工程安全作业环境及安全施工措施所需费用，并应按规定支付。

5. 应委托监理单位按规定审查专项施工方案，对监理等单位提出的安全生产隐患的处置要求应给予支持。

6. 不得明示或者暗示施工单位购买、租赁、使用不符合安全施工要求的安全防护用具、机械设备、施工机具及配件、消防设施和器材。

7. 不得指示强令承包人违章作业、冒险施工。

8. 发生事故时，应与承包人一起立即组织人员和设备进行紧急抢救和抢修，减少人员伤亡和财产损失，防止事故扩大，并保护事故现场，同时应按国家有关规定，及时如实地向有关部门报告事故发生的情况，以及正在采取的紧急措施等。

9. 不得对勘察、设计、施工、工程监理等单位提出不符合建设工程安全生产法律、法规和强制性标准规定的要求，不得压缩合同约定的工期。

九、心得与体会

1. 全过程工程咨询强调智力性策划、集成化管理，通过对策划方案进行技术经济分析论证，为委托方投资项目决策和实施过程管理提供增值服务。

2. 全过程工程咨询既是对工程项目建设的集成化管理，同时也是在集成化管理的基础上融合了专业化的单项咨询服务，是一个"1+X"的工程咨询服务体系，咨询企业可以根据自身的状况确定自身咨询服务业务的发展方向。

3. 全过程工程咨询有利于咨询行业组织结构的合理化、有利于政府职能转变和合理市场资源配置、有利于咨询行业在全行业普及。

4. 本项目业主直接参与项目建设的只有2~3人，业主方节约了大量的人力和物力。实践证明全过程工程咨询服务模式具有其巨大的市场潜在价值，值得推广。

招投标、合同及造价管理各方的任务分工表

阶段	序号	任务	业主单位	项目管理	政府	招标代理	设计	施工	监理
合同与采购管理	1	招投标方案	决策	审核	审查	编制	配合		
	2	招标文件	批准	审核		编制	配合	配合	配合
	3	招投标	决策	组织	监督	执行	参与	参与	参与
	4	合同谈判	授权决策	主谈		配合		配合	
	5	合同编制及签订	决策	审核	备案	编制			
	6	合同履行管理	检查	负责		配合	配合	配合	参与
	7	合同变更管理	决策	负责		配合	配合	配合	参与
	8	合同档案管理	检查	负责		参与	参与	参与	参与
	9	投资监控	决策	检查及报告			配合	配合	配合
	10	签证管理	决策大额签证	负责		审核		申请	审核
	11	工程款支付管理	审批	管理审核				申请	工程量审核
	12	竣工结算	决策	管理审核				编制申请	参与

整合 联合 重组
——监理企业转型发展全过程工程咨询服务实践与探讨

张跃峰

山西省交通建设工程监理有限责任公司

回顾20世纪80年代，我国的基本建设领域开始实行改革，大力推行项目法人责任制、招投标制、建设项目监理制和合同管理制，经过30年的发展，逐步形成了建设、勘察设计、施工、监理等各方责任较为清晰的角色分工和责任体系。"十八大"以来，随着政治、经济体制改革的深化，以及BIM新技术的快速涌现和PPP模式的飞速发展，原有的界限逐渐消除，项目策划、投资咨询、工程造价、运维管理等相互融合和渗透，自律性质的资信评价取代资质管理，工程建设行业即将迎来新的洗牌和格局，全过程咨询将成为发展的必然方向，也势必给咨询、勘察、设计、监理、招标代理、造价等企业带来深刻的影响。

一、全过程工程咨询的政策引导

2017年，国务院办公厅、住建部等政府部门和行业协会发布了推进全过程工程咨询的系列文件。2017年2月21日，国务院办公厅印发《关于促进建筑业持续健康发展的意见》（国办发〔2017〕19号），提出"培育全过程工程咨询"，这是政府发文中首次明确使用"全过程工程咨询"这一新提法。2017年5月，住建部《关于开展全过程工程咨询试点工作的通知》（建市〔2017〕101号）选择北京、上海、江苏、浙江、福建、湖南、广东、四川8省（市）以及中国建筑设计院有限公司等40家企业开展全过程工程咨询试点，其中包括北京方圆工程监理有限公司在内的16家监理企业；2017年6月至8月，浙江、四川、广东、湖南、福建五省的住建厅先后制定本省全过程工程咨询试点工作方案，确定委托方式、计费模式、企业和人员要求等。2018年3月山西省住房和城乡建设厅下发《关于加快推进我省全过程工程咨询发展的通知》征求意见稿，制定了重点培育全过程工程咨询企业遴选办法及量化标准；4月24日山西省政府出台《关于加快咨询业发展的实施意见》（晋政发〔2018〕20号），提出了咨询发展的重点领域、重点任务和政策举措。

早在2014年9月，交通运输部召开全国公路建设管理体制改革座谈会，副部长冯正霖在讲话中提出要重点深化六个方面的改革，其中包括"改革工程监理制，促进监理行业转型发展"，引导监理回归"工程咨询服务"的本质属性，鼓励扶持和引导监理企业逐步向代建、咨询、可行性研究、设计和监理一体化等方向转型。之后的2015年2月交通运输部印发《关于全面深化交通运输改革试点方案的通知》，在江西、湖南、陕西开展公路建设管理体制改革试点工作；2015年4月13日，交通运输部出台《关于深化公路建设管理体制改革的若干意见》（交通运输部交公路发〔2015〕54号），明确提出创新项目建设管理模式，调整完善监理工作机制，引导监理企业逐步向代建、咨询、可行性研究、设计和监理一体化方向发展。

这些政策和文件的相继出台，确立了未来建设行业的发展方向，这是政策导向和行业进步的体现。作为产业链上重要一环的工程监理企业，应当在国家转型升级创新发展的政策引导下抓住契机，发挥自身潜在的优势和能力，克服理念和操作上的瓶颈问题，积极推动全过程工程咨询。

山西大运高速公路互通立交桥

二、监理企业开展全过程工程咨询服务存在的问题

全过程工程咨询服务是当前和未来一段时间的必然发展趋势。由于监理服务见证了工程项目生产实现的大部分过程,相比勘察、设计、造价等单位,对工程现场情况相对更为熟悉和了解,能较好地控制工程质量和安全,协调工程进度控制,与项目参建各方均有一定的关联,具备协同管理的基础,监理企业转型发展全过程工程咨询服务自然有其独特优势。但从全过程工程咨询涵盖投资咨询、勘察、设计、监理、招标代理、造价等内容,由于历史原因,大多数传统工程监理企业的业务范围较为狭窄,多集中在工程施工阶段的质量控制上,在资质、人员、业绩等方面的"先天不足",成为获取全过程工程咨询新项目的一大短板。

传统监理工作主要围绕工程施工期间的质量、安全等进行,而实际对投资控制、进度控制、合同管理等法律赋予的监管权利不断弱化,服务内容和范围有限,难以培养和留住复合型人才;监理过程中虽也参与审批各种方案,控制现场施工,但相对而言,主动性策划等咨询工作较少,专业水准不精不深,解决涉及面广的、综合性复杂问题的能力不强,开展专业咨询能力也不足;传统监理工作较少涉及前期勘察和设计阶段,历史工程业绩中缺乏除施工监理以外其他工程阶段的业绩,很多监理企业都不具备这些专业资源,靠设立部门补齐专业板块,或者联合其他专业单位,随之带来的影响就是各专业接口磨合不到位,导致整体能力不足,难以达到全过程咨询通过高度整合的服务内容助力项目实现更合理的工期、更小的风险、更省的投资和更高品质服务的目标和要求。

三、全过程咨询服务的实践

为了提升企业的抗风险能力,公司近年制订了"完善服务功能,拓展业务领域,逐步形成'一业为主,多元发展'的经营格局,由资本积累向资本运营,由工程监理向建、养、管一体化转变"的发展战略,以传统的公路建设市场为重点、以传统的监理基础性业务为核心,不断在产业链上建立和强化自身的业务能力,探索业务协同、低成本、高效率的发展模式。

(一)横向延伸拓宽监理的业务范围

公司陆续申报取得了特殊独立隧道、特殊独立大桥、公路机电工程监理专项资质和市政公用工程监理、房屋建筑工程监理资质,积累了特殊独立隧道、特殊独立大桥的管理经验,将监理的业务范围延伸到了房建、机电和市政工程,并开展了高速公路养护监理。

(二)纵向拓展"监理+"模式

我们以监理业务为依托,组建了技术专家组,请来了全国知名的路基、路面、隧道、机电、结构、地质、爆破等行业专家,先后为多个高速公路项目

忻保高速云中河2号桥

（其中包括全国第二公路长隧）提供了专家技术咨询服务；承担了多个项目的业主中心试验室业务；连续十年承担了北京市交通委员会路政局所辖的北京市公路路网巡查及养护咨询，在为业主提供更高层次、更加全面专业服务的同时提升了监理的品位；通过参与公路运输枢纽规划（地级市）、公路路网规划（县级）、城乡交通一体化的编制工作，与规划、设计深度对接，培养和锻炼提前参与项目前期和整体思维；与中工国际合作完成了"委内瑞拉瓜里科河灌溉系统农业综合发展项目"的咨询任务，以及与以色列ROM公司的接触，积累了国际咨询业务和对外合作经验。

（三）代建和项目管理进行碎片化整合

通过横向延伸和纵向拓展，我们积累了不同项目，不同服务内容的一些"碎片化"业绩和经验。在此基础上，中标承担了北京市昌平区昌金路改建工程和奥运工程北京白马路监理代建管理项目、北京市黄马路预防性养护工程项目管理、北京路政局顺义公路分局木孙路"监理+工程管理"项目，以及青海省加西公路工程PPP项目"综合咨询服务+施工监理"。这些项目中，公司除承担常规监理工作之外，还负责工程前期、拆迁协调，以及施工全过程的组织、实施、外部协调、管理等工作，编制工程决算和相关技术资料，缺陷责任期内的工程管理服务等工作，并对所涉及的从业单位进行综合协调和管理。这些项目管理和代建项目，成为我们从碎片化咨询走向全过程咨询的有益尝试。

（四）成功的资本运作

基于我们对工程监理咨询服务要回归高端的深刻理解，我们一直在积极考察、酝酿和参与投资项目，借助不断积累的咨询、代建、项目管理经验和业绩，通过成功的资本运作，2012年中标某项目BOT投资人。这个项目虽然委托了建设单位进行项目建设管理，但我们从投资人的角度由"被动型"向"主动型"转变、从"粗放型"向"精细化"转变，重点放在项目整个生命期的全程监控和管理上，充分发挥了监理在造价、计量、质量控制等技术方面的优势，同时也通过项目投标、审批、合同体系、贷款落实等项目运作以及与财政、发改、物价、工商等政府部门、金融机构的接触，涉及了项目全生命周期中很多未知和陌生的领域，积累了宝贵的经验教训。

四、通过整合联合重组发展全过程工程咨询服务的思考

传统模式下各司其职、各行其是、各负其责的观念和模式已不适合目前高速发展的市场核心要求。现在国家简政放权的大趋势是淡化企业资质、强化个人执业。基于目前工程监理咨询类企业的现状，未来市场主力将会呈现两级发展：一头是鼓励龙头企业采取整合、合作、并购重组等方式发展全过程工程咨询，做优做强；另一头是大量专业精准、特色鲜明的中小监理咨询企业提升单项专业能力，做专做精做细。未来企业应该是围着市场转，围着信用转，而不是围着资质转，因此，我们应该辩证地分析自己的优势和短板，储备向工程咨询上下游产业延伸的能力和条件，借助资本市场手段、信息技术条件和自身工程实战能力等有利条件，发展全过程工程咨询服务，通过整合、联合、重组等方式适应这场重大变革，在发展全过程咨询服务中完成企业的转型升级。

（一）整合企业资源，提升客户满意度

监理咨询的服务对象主要是项目建设方，全过程工程咨询需要满足业主对项目全过程集成化优质服务的需求，提供多专业优质服务和资源，提供一体化解决方案，降低项目投资成本、规避项目各类风险，实现投资项目价值最大化。这样的服务对咨询公司的要求很高，需要企业内部多专业的高效协同和多专业优质资源的高效组合，部分有资源、有条件、有能力的监理企业可以通过提供技术咨询（优化设计方案，优化施工方案）、技术服务、管理咨询和管理服务，

晋蒙黄河大桥

凝聚高层次人才，建立高素质队伍，拓展更大的发展空间，逐步实现由单一的监理向工程咨询的方向转变。交通运输部试点推广的"监管一体化"模式经过三年多的改革实践，取得了很好的效果。

江西的改革试点以江西省高速公路投资集团有限责任公司旗下全资子公司江西交通咨询公司（原名为江西交通监理公司）为重点突破企业，在多条高速公路项目上尝试了多种监理实现形式，改进传统监理工作，重新定位监理，推广试行模式，不仅监理咨询工作更为规范有效，监理企业通过实践逐步形成全过程工程咨询的指导性项目管理方法和程序，便于各项目参与者了解项目的程序、控制节点和沟通方式等，且提高了效率，又减少了风险，以推广"监管一体化"为基础，引导企业转型升级，实现监理业务向可行性研究、工程咨询、"监理+"一体化等多元化和全过程咨询方向发展。同时，他们的很多具体做法影响了交通行业顶层设计，如新版公路工程施工监理规范（JTG G10-2016）修订时采纳了"进一步明确监理人员职责，减少监理人员配置，精简旁站项目，强调隐蔽工程验收"等很多经过实践检验的好的做法，"代建+监理一体化"模式已由中国交通建设监理协会编制指南发布。

（二）联合优质资源，形成强大的服务能力

对于条件尚欠缺的某一类监理企业，直接转型为全过程工程咨询企业需要长期的实践和积累，现实难度较大；而对于有一定实力和条件的企业，可考虑在实施全过程工程咨询前期以联合体的形式打开市场积累业绩和经验。国际上比较通行的做法是优质专业化企业联合，高水平完成项目全过程服务；通过体系配套，解决全过程工程咨询项目招投标的合法问题、资质限制问题。我国监理企业也可以借鉴国际做法，在投资策划与可行性研究阶段，联合工程咨询、造价咨询机构；在设计阶段联合勘察、设计咨询机构，在施工阶段视需要联合比较冷门和稀缺的，如机械组合、系统集成等专业，通过与设计、勘察、造价、施工等其他企业联合投标；或者盘活现有资产，增强融资能力，进行有效投资，重点在过程中产生效益，投资过程和投资双回报，通过建立战略合作关系，进行长期合作，共同打造全过程工程咨询联合体，突破传统监理企业局限于施工阶段的发展瓶颈，扩宽管理界面，并通过积累，拥有一批设计、施工和工程管理经验丰富的顾问工程师，形成强大的公司咨询服务能力。

（三）重组资产资本，打造具有国际竞争力的工程咨询企业集团

全过程工程咨询，不仅能够提高产业集约度，还能提高行业集中度，特别是"一带一路"战略的提出，参与"一带一路"建设，必须在制度、组织实施方式等方面与国际接轨。自身具有专业门类较为齐全的咨询力量的可以借助资本运作，通过整合、兼并、重组等方式吸收专业性强、特色突出的企业，补齐短板，发展壮大，在组织裂变的同时，进行组织重塑、业务链重构、技术提升、管理流程再造，整合前后台技术资源，促进各专业技术人员的融合与交汇，通过股权整合和业务重组，提升业务板块化运作效率。近两年，国企重组整合成为经济新常态下供给侧结构性改革的重要突破口，各个省市的国有交投集团加快步伐合并重组。安徽、浙江、湖南、广东、云南、成都等省市相继重组成立大型交通集团，整合构建公路投资建设运营、智慧交通、物流、设计、监理、配套资源开发等业务板块，重组改革在做强做优的情况下实现了强强联合，极大地增加了国企的国际竞争力。山西也在去年11月份成立交控集团，旗下整合了投融资、设计、施工、监理、运营等诸多企业单位，着力抢抓机遇、对标一流，落实市场化导向、竞争力目标、股份制改造、专业化重组、板块化经营、科学化监管的要求，努力打造国内一流、具有国际竞争力的现代交通企业集团。山西省政府4月份刚刚出台的《关于加快咨询业发展的实施意见》在工程咨询服务中进一步明确提出"深化行业资源整合与兼并重组，加强实力建设，增强竞争能力"。

新技术、新业态、新模式是本轮建设行业增长发展中出现的主要特征。在新时代下，工程咨询业面临很多问题和挑战，如业主认识不到位、市场需求不足，市场发育有待完善、生存和发展环境有待优化，企业技术和管理水平存在差距、缺乏复合型人才，行业地位不高，规范化、标准化不统一等，但也面临更多的机遇以及转型的要求，企业呈现多元化的发展趋势，我们除了需要更多的政策支持引导和培育市场外，唯有选择好自己的市场定位和战略，大力强化自身能力建设，在企业实力强大后，部分优秀的监理公司有可能成为全过程工程咨询的中坚力量，这比盲目竞争更重要。

霍永西段高速公路施工便道

大型政府投资建设工程全过程项目管理咨询实践总结

徐友全[1]　马升军[2]　辛延秋[2]
1.山东建筑大学工程管理研究所；2.山东营特建设项目管理有限公司

引言

改革开放以来，建筑业快速发展，建造能力不断增强，产业规模不断扩大，对经济社会发展、城乡建设和民生改善作出了重要贡献。与此同时，建筑业仍然大而不强，监管体制机制不健全、工程建设组织方式落后、企业核心竞争力不强等问题较为突出。2017年2月，国务院发布《关于促进建筑业持续健康发展的若干意见》，从7个方面提出了20条改革措施，这被认为是继1984年国家对建筑业改革发展再次提出的"顶层设计"。因此，在新的时代背景下，作为建筑市场三大主体之一的中国工程咨询，如何应对"高质量发展"要求的去碎片化挑战，以及"一带一路"带来的与国际工程咨询对接的重大机遇是深化改革的当务之急。

一、对全过程项目管理咨询的认识

建设工程全过程项目管理咨询是指从事建设工程项目管理服务的企业，受建设单位委托，自项目立项启动到竣工验收备案完成，在建设单位授权范围内对工程项目进行全过程、全方位的策划、组织、计划、协调、控制的一种专业化管理咨询活动。推进全过程项目管理咨询是深化建设工程项目实施组织模式改革，提高工程建设管理和咨询服务水平，保证工程质量和投资效益的重要举措，是贯彻落实全过程工程咨询的主要模式之一。

二、全过程项目管理咨询的主要内容

（一）前期策划

项目管理咨询不能走经验主义路线，单纯依靠个体经验来面对纷繁复杂、高度个性的建设项目非但无法保值增值，反而会进一步增加项目建设的不确定性。全过程项目管理咨询的逻辑起点应当是项目前期策划，明确项目建设意图，科学回答项目建什么、投多少、如何建、如何管等关键问题。项目前期策划通常包括项目策划、投融资策划、运营策划、营销策划和实施策划五大内容，侧重点各不相同，共同构成完整的前期策划体系，具体如图1所示。

（二）土地开发咨询

建设项目的范围非常宽泛，除传统意义上的单体项目、群体项目之外，随着新型城镇化和新旧动能转换的不断推进，针对片区（园区）和新城（镇）进行的开发建设将会越来越多，因此，建设项目的规模和复杂程度也越来越高。相对于单体项目或群体项目的工程建设属性，片区或新城开发更加侧重于土地熟化、规划策划、产业发展等宏观问题的研究，主要工作内容可总结提炼为"土地开发管理咨询七步曲"，分别是：摸底调查、规划策划、投入产出、实施方案、土地熟化、土地开发、产业发展等。具体如图2所示。

（三）项目经济管理

项目经济管理主要包括项目采购、合同管理及投资控制三大部分内容，是全过程工程项目管理咨询的两条工作主

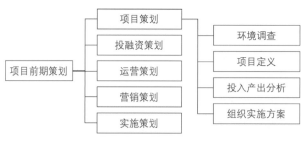

图1　项目前期策划体系图

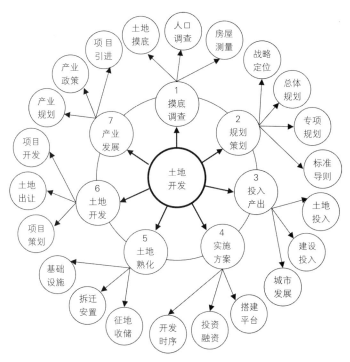

图2 土地开发咨询"七步曲"

线之一。项目采购管理主要工作内容是采购策划、编制采购方案、制定采购计划，协助组织开展采购工作；合同管理主要工作内容是合同策划、起草、谈判、评审、签订、交底、履行、变更、索赔、解除等；投资控制主要工作内容是投资策划、目标确定与分解、工程量清单与招标控制价管理、工程变更与工程经济签证管理、询价与定价管理、计量与支付管理、工程结算管理等。

（四）规划设计及技术管理

项目规划设计及技术管理是全过程项目管理咨询另外一条工作主线。主要工作内容包括工程勘察管理、设计界面管理、设计质量管理、设计进度控制、施工技术管理等。尤其是各阶段设计任务书的研究编制是确保项目使用功能和质量的关键，一般可分为修建性详细规划设计任务书、方案设计任务书、初步设计任务书、施工图设计任务书、专项设计任务书等。

（五）施工现场管理

施工现场管理主要包括进度控制、质量控制与安全管理等内容。进度控制贯穿工程建设全过程，需根据工程规模、目标、特点和管理需要，建立项目总进度规划、控制性总进度计划、控制性阶段进度计划、专项进度计划四级进度计划体系，并实施动态控制调整。质量控制与安全管理主要包括工程实体质量与安全，以及工作质量与安全两个层面，具体内容是目标分解、组织体系建设、方案审查、过程控制及持续改进等。

（六）组织管理

目标决定组织，组织是目标能否实现的决定性因素。只有在理顺项目组织管理的前提下，各项目标控制才有可能顺利完成。组织管理是建设工程项目管理咨询的一项重要工作任务。主要工作内容包括组织策划、组织结构设计、专业管理体系建设、管理任务及管理职能分工、管理制度与流程建设、组织实施方案编制、项目管理会议组织、文化与团队建设等。

（七）信息管理

项目信息是对建设活动的真实、客观的记录和反映，项目信息管理应遵循高效处理、唯一枢纽、全员管理的基本原则，并借助大数据、云计算、互联网、物联网等信息技术手段，实现建设工程可视化、数字化、精细化、集成化管理。

承载项目信息的管理文件是建设工程项目管理的工作成果，是区分责任的证据，是传递管理思想的载体，是评价项目管理专业人员工作成果的主要依据。主要工作内容包括项目信息收集与处理、项目管理文件编制、工程档案管理等。

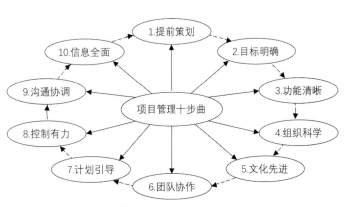

图3 项目管理咨询"十步曲"

三、全过程项目管理咨询的实践经验总结

（一）遵循项目管理咨询"十步曲"

全过程项目管理咨询要坚持正确的方法论导向，以项目建设和运营保值增值为出发点，遵循项目建设运行的内在规律，才能真正发挥工程咨询的价值。营特特色的全过程项目管理咨询总体思路总结提炼为项目管理咨询"十步曲"，分别是"提前策划、目标明确、功能清晰、组织科学、文化先进、团队协作、计划引导、控制有力、沟通协调、信息全面"，具体如图3所示。

项目管理"十步曲"的内在逻辑是以项目管理理论作为支撑，融入大量全过程项目管理咨询实践经验，涵盖了策划研究、组织管理、计划管理、技术管理、信息管理等各个方面。其中的每一步都可以沿项目管理工作任务、工作流程、工作成果三个维度继续进行细化、分解，从而与工程咨询企业的工作岗位或角色相匹配，构成业主方全过程项目管理的完整解决方案。经过近二十年的总结提炼，项目管理"十步曲"也在不断创新发展、丰富内涵。此外，工程建设过程中还需要统筹考虑运营需求，站在全生命周期的角度综合权衡建设投资和运营费用的辩证关系，以及低效高能耗和绿色可持续的对立关系，实现项目建设和运营的高质量发展。

（二）坚持项目管理"十大要件"

由于工程建设的独特性、一次性等特征，要想顺利实现工程各项控制目标，全过程项目管理依然面临着巨大的挑战，需要一套严谨高效的管理方法体系作为支撑。项目管理"十大要件"凝聚了业主方全过程工程项目管理的工作重点和工作思路，主要包括：一个文化、两条底线、三条高压线、四个坚持、五大进度计划、六大组织体系、七大管理图、八大管理表、九大管理台账和十大管理文档等十个方面，涵盖了建章立制、铺设轨道、风险管控、沟通协调等几个方面的核心工作，具体如图4所示。

（三）铺设项目管理"三个轨道"

项目管理的三个轨道是指铺设组织轨道、合同轨道和计划轨道。轨道的本义是条形钢材铺设的供火车、电车等行驶的路线。引申到项目管理活动中，轨道则是指参建各方围绕三大目标控制及各项管理活动应共同遵循的规则、程序或制度，从而引导参建各方沿着既定的三大轨道有序、高效地开展各项管理工作。其中，组织轨道主要用于规范参建各方之间的职责分工、协同配合，可进一步分解为"硬组织"和"软组织"两大方面。硬组织主要包括组织架构、岗位职责、任务分工、职能分工、工作流程、奖惩制度等六大"看得见"的显性要素。软组织则主要包括沟通协调、文化理念和团队建设这三大"摸不着"的隐性要素。随着参建单位的陆续进入，及时建立"横到边、纵到底、全覆盖"的投资、计划、信息、技术、质量、安全等六大组织管理体系将进一步提高组织轨道的精确性。

计划轨道主要用于约束工程建设的计划节点，可进一步分解为面向工程实体的进度计划和面向管理任务的工作计划。进度计划指导工作计划的科学编制，工作计划保障进度计划的顺利实施。进度计划和工作计划共同构成业主方项目管理进度计划体系。根据计划编制的深度不同，进度计划可进一步分解为项目总进度规划、控制性总进度计划、控制性阶段进度计划或专项进度计划等，满足不同程度的进度控制需要。工作计划可进一步分解为项目管理总体工作计划、年度工作计划、月度工作计划及周工作计划等，满足不同阶段的管理需要。系统组织和计划体系如图5所示。

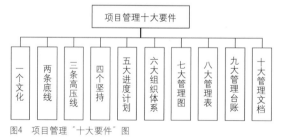

图4 项目管理"十大要件"图

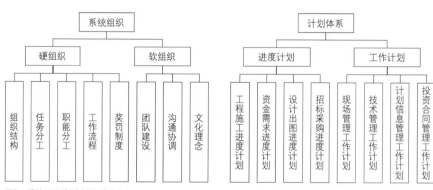

图5 系统组织和计划体系示意图

合同轨道用于明确参建各方的责权利。在市场和法制的环境下，合同是构成管理工作的基础，合同轨道是管理的基础轨道，要做好投资策划、采购策划、合同策划等三大策划，实施全过程合同管理。

（四）构建"基于BIM的项目管理智慧平台"

构建一个平台就是打造基于BIM的智慧项目管理平台。工程咨询服务的高效实施离不开信息技术手段的综合应用。项目管理平台以BIM为核心，综合集成互联网、物联网、大数据、云、虚拟现实等先进技术，以及移动终端、无人机等先进设备，将参建各方紧密联系在一起，实现高效、便捷的信息获取共享和沟通协作。项目管理平台的智慧化主要体现在以下几个方面：基于BIM模型的"先试后建"，避免工程设计中的错漏碰缺，在业主需求、行业规范与可施工之间寻求最佳方案，尽可能减少施工过程中的变更与返工；信息数据获取共享的智能化，不再单纯依靠传统的人工查看、统计，而是借助各种信息技术手段自动采集、汇总、共享，打破参建各方之间的信息孤岛；高效便捷的沟通协同，项目管理平台使参建各方之间的沟通协作更加扁平化、高效化。以BIM为核心的智慧项目管理平台如图6所示。

（五）营造"项目利益高于一切"的项目文化

项目利益不仅仅是业主利益，而是以最终用户利益和社会公众利益为核心的利益集合体。面对错综复杂的个体利益和项目利益之间的矛盾，项目参建各方在建设全过程要始终以项目利益为重，项目管理者更要以"项目利益高于一切"的指导思想统一参建各方组织成员的思想和行为，在项目实施过程中，对组织、管理、经济和技术问题进行处理和决策时，一切要以是否有利于实现既定的项目建设目标，是否有利于投入使用后的运营管理为第一判别原则，因此"项目利益高于一切"的项目管理文化理念可以有效缓解参建各方之间的冲突，实现参建各方思想、目标、行动的统一，进而保证工程各项控制目标的实现。

四、结束语

全过程工程项目管理咨询是一项高智力的工程咨询服务活动，旨在实现工程建设保值增值。经过十几年的发展，项目管理的理论体系和实践探索都取得了较大的进步。随着新一轮建筑业改革的不断推进，全过程工程咨询如何落地实施引起了行业的热烈讨论。全过程项目管理咨询的实践经验可以为其提供参考借鉴，以全过程项目管理咨询作为主线，将工程监理、造价咨询、招标代理等传统的咨询服务内容进行深度整合，形成更加完整、系统的咨询服务方案，从而实现减少业主方的合同界面、提高项目咨询服务的整体水平等目标。但是，围绕工程咨询服务的核心价值体现，全过程项目管理咨询企业还需要继续强化学习型组织建设，围绕人才培养、数字化平台、知识管理等方面进行创新提升。只有不断提高核心竞争力，才能满足日益多元化、高端化、复杂化的咨询服务需求，促进工程咨询行业的健康持续发展。

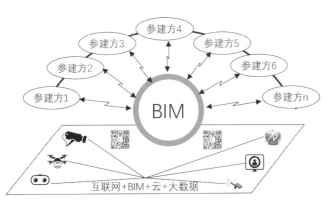

图6 以BIM为核心的智慧项目管理平台示意图

争当全过程工程咨询先行者 勇做监理企业转型升级排头兵

冉鹏

重庆赛迪工程咨询有限公司

引言

在工程咨询行业传统模式下，同一个建设项目中，前期咨询、设计咨询、监理服务、项目管理以及运营管理等各个环节提供的咨询服务都是阶段性的，而且常常呈现出碎片化的管理状态，不同建设阶段的"有缝衔接"往往会导致项目出现信息流断裂、管理混乱等多种问题，对于业主单位和项目本身而言，亟须一批综合实力强、业务范围广的工程咨询企业对项目的全生命周期进行整体把控，破除各参建单位之间的"孤岛"现象，从而规避和弥补传统服务模式下易出现的管理漏洞和缺陷，提高建设项目质量，工程咨询行业的改革显得十分迫切。为此，2017年5月2日，住建部下发了《关于开展全过程工程咨询试点工作的通知》（建市〔2017〕101号），正式拉开全过程工程咨询这一全新建设组织模式的大幕。

赛迪工程咨询凭借自身在行业内25年的深厚积淀和良好客户口碑，于2017年5月成功入选住建部全过程工程咨询试点单位，这不仅仅是一种认可，更代表着一份责任。因此，本文重点围绕赛迪工程咨询近年来发展现状和试点工作的实践和探索，明确自身全过程工程咨询服务模式，对两年来所承接的典型全过程工程咨询项目进行介绍，同时分析当前开展全过程工程咨询服务所面临的挑战，并有针对性地提出应对措施，希望能够与在座的各位专家、领导一起分享，共商行业转型升级大计。

一、经验丰富、技术支撑，形成"立足国内 展望海外"的市场格局和完整的产品链条

自试点工作开展以来，赛迪工程咨询连续在深圳、四川、贵州等地获取全过程工程咨询项目，为开展试点工作、探索全过程工程咨询服务模式提供了宝贵的工程服务和项目管理经验，我认为主要得益于以下五个方面。

（一）得益于多年来建立的品牌形象和经验积累。赛迪工程咨询不仅拥有行业内最高级别的工程监理综合资质，同时也是国内最早获得"英国皇家特许建造咨询公司"称号的咨询企业，更是国家财政部首批PPP咨询机构入库单位。我们具备14个类别建设工程的设计监理、设备监理、造价咨询和其他技术咨询等方面的业务能力，在钢结构工程、大型公共建筑工程（体育场馆、大剧院、会展中心等）、市政工程（城市轨道交通、城市综合交通枢纽、市政道路）等方面有丰富的经验，业务范围覆盖市政、房建、机械、电力、冶金、矿山及其他工业等多个领域。此外，公司先后在巴布亚新几内亚、美国、日本、韩国、印度、越南、巴西、西班牙、马来西亚等国家承担多项工程的设备监理和项目管理业务，与各业主方建立了长期友好的合作伙伴关系。

特别是在大型公建项目领域，公司培育出重庆、遵义、河北、宜昌、海口等地奥体场馆、中国西部博览城、重庆国际博览中心、广西文化艺术中心、重庆大剧院、重庆来福士广场等一大批国内优

质精品工程。在基础设施建设领域，大力开拓城市轨道交通项目，目前已将咨询业务深入到重庆、成都、昆明、贵阳、南宁、柳州、南京、杭州、无锡、苏州、常州、厦门、福州、青岛等14个城市的轨道交通市场，成为该业务领域名副其实的一流品牌。此外，还在民生及市政公用工程等领域承揽了重庆江北国际机场、重庆西站城市综合交通枢纽、重庆沙坪坝交通枢纽、重庆部分医院、桥隧等关注度高、影响力大的项目。基于优质的咨询服务和良好客户口碑，承担的众多工程获得了中国建筑工程鲁班奖、詹天佑土木工程大奖、国家优质工程奖、中国钢结构金奖、中国安装工程优质奖、中国市政金杯奖及其他省部级重要奖项。

（二）得益于公司已经形成的覆盖工程建设全产业链条的咨询产品清单。公司长期坚持推行全面参与工程建设的各个环节的全过程工程咨询理念，极力拓宽工程咨询产业链，不断丰富和完善咨询产品及组合，初步形成了覆盖工程建设全产业链的产品，以下为产品清单：

序号	类型	产品名称
1	前期咨询类	项目可行性研究
2		项目申请报告
3		资金申请报告
4		规划咨询（筹）
5		PPP项目咨询
6		方案评估
7	BIM咨询	BIM技术应用咨询
8	造价咨询类	工程概算编制（审核）
9		工程量清单及组价编制（审核）
10		预算编制（审核）
11		工程结算编制（审核）
12		施工阶段全过程造价控制（含结算）
13	技术咨询	设计及施工技术咨询
14	招标类	招标代理
15		招标咨询
16	监理类	设计监理
17		工程监理
18		设备监理（监制）
19	项目管理类	项目代理（项目管理）
20		项目代建（项目管理）
21		项目管理咨询

（三）得益于一体化管理的探索与实践。公司在住建部推行全过程工程咨询试点工作前，就已经按工程建设一体化管理的理念，完成了部分具有全过程工程咨询概念及特点的项目，其中巴布亚新几内亚瑞木镍钴项目在行业内颇具影响力，典型的项目有：

1. 巴布亚新几内亚瑞木镍钴项目

由矿山、矿浆管道和冶炼厂、五万吨码头、深海填埋等五大主体工程组成的超大型有色工业项目，工程总投资127亿元，项目管理咨询费1.1亿元。服务内容为：设计监理+设备监理+施工监理+造价咨询。

2. 重庆人民大厦项目

项目总建筑面积66934m²，投资3.9亿元，属重庆人大办公用地。服务内容为：项目管理+造价咨询+招标代理。

3. 宜昌奥林匹克体育中心项目

项目总建筑面积约20.64万m²。项目由40000座甲级体育场、8000座甲级综合体育馆、1500座乙级游泳跳水馆、2000座乙级羽网等组成，服务内容为：项目管理+工程监理+造价咨询。

4. 中铝萨帕特种铝材（重庆）有限公司新建一期工程项目

项目一期工程用地面积约110亩，建筑面积约3万m²。工程总投资6亿元，该项目为瑞典外资项目。服务内容为：项目管理+工程监理+造价咨询。

5. 中冶赛迪大厦项目

项目总建筑面积约62896.2m²，工程总投资：30887万元。该项目荣获全国十大绿色楼盘、智能建筑优质工程、重庆市巴渝杯优质工程。咨询服务内容为：项目管理+工程监理+造价咨询+招标代理。

（四）得益于先进技术的运用。赛迪工程咨询高度重视信息化、标准化技术在工程咨询服务中的运用，利用公司CCIS信息化管理平台及公司的各项标准化规定进行项目的标准化管理。同时，利用BIM技术在可视化展示、精度算量、造价控制、4D进度优化控制、碰撞检查、施工方案优化等方面的优势，应用到多个服务项目中，对工程的建设发挥了巨大作用。例如，于2018年1月建成通车的重庆西站项目，采用了赛迪工程咨询提供的BIM咨询服务，公司凭此服务荣获重庆市勘察设计协会第二届BIM大赛综合一等奖、建业协会首届重庆市BIM技术大赛综合一等奖等重要荣誉。

（五）得益于母公司中冶赛迪集团的设计院背景。赛迪工程咨询有别于其他监理企业的地方在于公司有着中国钢铁工业工程技术第一品牌—中冶赛迪集团有限公司的设计院背景，赛迪集团拥有一批长期从事工程设计、项目管理工作的专家和技术骨干，这些都是我们能够从事工业、公民建以及基础设施建设项目一体化项目管理及咨询的先天独特优势。值得一提的是，赛迪工程咨询重组了赛迪集团旗下专门提供工程设计服务的一家子企业（重庆赛迪冶金技术有限公司）的人员和相关业务，此举有力弥补了公司在工程设计领域的短板，进一步完善了工程咨询一体化产业链条，为深入开展全过程工程咨询提供了重要的技术支撑。

二、厚积薄发 努力探索全过程工程咨询服务模式

成为试点企业之后，为更好地发展全过程工程咨询板块的业务，公司一方面设立了牵头责任管理部门咨询与规划部，整合了可行性研究、PPP咨询、BIM中心、投融资咨询、规划与设计咨询等业务板块，通过前端咨询及技术咨询服务带动全过程工程咨询的产品模式落地；另一方面则快速收集试点城市的相关政策，研究全过程工程咨询服务的特点，主动向相关住建厅（委）汇报公司的试点方案，紧抓前端咨询、技术咨询等前后端业务的发展，进而形成完整的全过程工程咨询产业链。

在全过程工程咨询服务产品打造方面，赛迪工程咨询进一步拓宽业务渠道和服务范围，在包括项目决策阶段（前期立项、可行性研究及评估、PPP咨询及项目投融资咨询、概预算编制及审核）、项目实施阶段（项目代建、项目管理、造价咨询、工程监理）以及运营阶段等项目建设的全生命周期中提供全过程工程咨询服务或菜单式的灵活订制服务。

已梳理形成的产品服务模式和产品组合：

1. 从项目管理的角度出发的产品：项目立项及审批管理+投资咨询管理+PPP咨询+招标代理+勘察设计管理+施工管理+BIM咨询+采购管理+合约管理+工程监理+造价管理+试运行管理+后评估等方面进行全过程工程项目管理。

2. 从技术咨询角度出发的产品：项目立项+可行性研究+可研评估+节能评估+方案设计+初步设计+勘察方案+施工图设计+施工方案及组织等方面进行全过程工程技术咨询。

3. 从项目风险管控角度出发的产品：安全性评价+风险评估+鉴定+检测+监测+法律咨询等方面的咨询服务。

4. 根据业主的需求，既可以采用一条龙式的全过程工程咨询服务，也可以对以上的产品进行灵活组合，形成菜单式的灵活订制咨询服务。

三、示范引领 屡获大型全过程工程咨询项目

深圳作为全过程工程咨询项目的先导市场之一，对试图走全过程工程咨询服务路线的咨询企业而言具有强大吸引力。近期，深圳市建筑工务署对深圳市新华医院及其他共19个项目全过程工程咨询服务进行了招标，采用捆绑式发包，也是国内最大的全过程工程咨询发包，吸引了来自国内最顶尖的一批工程咨询企业前来参与竞标。最终，凭借突出的表现成功中标深圳市第三人民医院改扩建工程（二期）及其他共5家医院打包的全过程工程咨询服务项目，将提供包含项目计划统筹与总体管理、设计管理等项目咨询与工程监理的一体化全过程咨询服务。

此次合作，并非赛迪工程咨询与深圳在全过程工程咨询领域的首次。2017年，赛迪工程咨询集中优势资源成功打入深圳市场，承接深圳国际会展中心全过程工程咨询项目。该项目承揽了八项"世界之最"纪录，建成后将是全球最大的会展中心。为高质量完成项目，公司组建专家咨询团队和精兵强将驻守项目现场担当项目建设"总顾问"角色，并凭借多年的工程经验和智慧赢得了业主的高度认可。

不仅如此，赛迪工程咨询在全国各地乃至海外屡获全过程咨询项目，部分重点项目概况见下表：

四、分析问题、解决问题 直面全过程工程咨询试点挑战

（一）开展全过程工程咨询存在的问题

1. 监理企业转型升级难度大

投资咨询、勘察、设计、监理、招标代理、造价等企业都属于咨询服务性企业，转型最高目标都是培育工程建设全过程咨询服务。相比于勘察设计企业，传统监理企业以往的竞争优势在于工程项目的现场管理，项目决策以及运营等前后端阶段的服务能力较弱，向全过程咨询转型的难度较大。如何通过联合经营、重组、收购兼并等办法形成全过程工程咨询服务能力是有志于成为全过程咨询公司的监理企业必须要重点解决的问题。

2. 企业资质和个人执业资格不够完善

当前，我国推动全过程工程咨询面临着市场准入门槛高、刚性需求不足等问题。在市场准入方面，我国工程咨询业采取企业资质和个人资质并重的机制，不同资质由不同主管部门管理，使得我国工程咨询业的市场准入壁垒较高。此外，由于全过程工程咨询服务涉及领域大、范围广、要求高，大多数企业的资质局限于工程监理，这将大大制约企业全过程工程咨询服务的开展。

赛迪工程咨询重点项目表　　表

项目名称	项目规模	服务内容及特点
玻利维亚穆通公司非薄板综合钢厂项目	年产量达到25万吨海绵铁项目；建设内容包括炼铁厂、炼钢厂、连铸厂、轧钢厂，以及配套的原料场、球团厂、氧气厂和配套公辅系统等工程的建设	可行性研究及方案审查+设计监理+施工监理+国外设备监制+运营管理等的全过程工程咨询。通过打造该海外全过程咨询样板工程，积累海外项目管理经验，锤炼一流项目管理团队
深圳国际会展中心项目	工程建设用地面积125.53万m²，一期展厅及其配套总建筑面积91万m²，地下建筑面积55万m²	项目计划统筹及总体管理+设计管理+施工准备管理+合同管理+档案与信息管理+投资管理+现场施工管理+竣工验收等全过程工程咨询及技术服务工作
深圳市第三人民医院改扩建工程（二期）及其他共5家医院打包的全过程工程咨询项目	五家医院总建筑面积约56万m²，投资50亿元	提供包含项目计划统筹与总体管理、设计管理等项目咨询与工程监理的一体化全过程咨询服务。该项目建设标准高，需建立"智慧工地、快建、绿建"等体系，同时要以最先进的信息化技术手段作为支撑，对标国际一流水平
深圳大空港片区环境综合治理项目	其包含21个子项目，包括河道综合整治类项目、雨污水管网类项目、治污设施类项目、防洪排涝类项目、底泥处置类项目等	自该项目管理中标开始至竣工验收水质达标，完成竣工决算审计为止的全过程项目管理工作
贵州农信社江口灾备中心及配套服务设施项目	集科技灾备中心、防灾培训教育并兼地下停车设施等多功能于一体的大型多元化综合建设项目，总建筑面积约19万m²，建安投资约6亿元	完整的代建项目，包括设计监理+施工监理+招标代理+工程结算+配合审计部门完成审计等全过程工程咨询服务工作
新都香城体育中心建设项目	总建筑面积约86000m²，项目建设内容主要包括体育馆、游泳馆、全民健身馆、全民健身用房、配套用房及总平绿化工程等	四川省首个以监理为主体牵头的全过程工程咨询服务，服务内容包括：设计监理+施工监理+BIM咨询+造价咨询服务（含施工阶段过程造价控制）等全过程项目咨询服务
其他重点项目	重庆儿童医院建设管理代理项目、重庆九龙坡中梁山组团J分区及附属工程EPCM项目管理等	

3. 企业与从业人员思想禁锢

部分业主企业的咨询意识仍十分淡薄。有的企业认为没有咨询需求，也有的认为咨询机构的能力未必比自己好。此外，监理类咨询机构本身也普遍存在着业务能力低、无法提供适应市场需求变化的服务等问题。由于长期习惯于固有的业务模式，很多咨询公司对监理以外的业务缺少开拓热情。

4. 克服地方"保护意识"、全面引领发展的能力有待提升

一方面，从目前浙江、四川、广东、福建四个省市推出的全过程咨询试点方案来看，试点企业均为当地企业，地方保护意识明显。另一方面，目前主要是缺少统一主管部门管理，缺乏全过程工程咨询服务的规范和标准，此外还需要制定相关的全过程咨询服务收费的参考标准以支撑投标报价工作。

（二）推动全过程工程咨询发展的建议

1. 建议由住建部牵头开展顶层设计，积极推动各省（市）打破地域的限制和约束，形成开放的全过程工程咨询业务的市场环境；同时，尽快发布全过程工程咨询服务的规范和标准。

2. 对建设监理行业来说，在向工程建设全过程咨询发展过程中，应该有轻有重，重点应该放在行业熟悉的工程建设实施阶段，尤其是做好具有比较优势的施工阶段项目咨询和管理，首先要做好工程建设实施阶段咨询自身能力和资源整合能力培养和建设，为开展一体化的全过程咨询服务打好基础。

3. 随着"一带一路"倡议实施带来的机遇，一方面建议住建部、协会能够多组织与国际相关组织的交流活动和相互认证；另一方面，咨询公司要在承担有限海外项目的机会中主动对标国际知名企业，熟悉和深入研究国外的相关法律规范、FIDIC条款等对工程咨询行业的要求，进一步完善产业链条，切实提高自身全过程项目管理能力。

4. 有志开展全过程咨询服务的企业要高度重视信息化和智能化技术的运用，积极探索BIM、大数据、物联网、AR、VR、AI、3S等新兴技术，进而提高项目的管理效率及精细化程度，通过建立统一的信息管理平台，将业主、勘察、设计、施工、监理等各建设主体有机地融为一体。

五、结束语

新时代孕育新希望，新机遇呼唤新作为。在党的"十九大"精神的指引下，在国家有关部门及行业协会的正确领导下，在工程咨询业转型升级的大好形势下，我们有理由相信，已在各个工程建设领域内精耕细作多年的中国工程咨询企业，只要从工程咨询全产业链出发，积极探索全过程工程咨询服务模式，努力培育具备全过程咨询和项目管理能力的专业化人才队伍，就一定能够助力行业率先实现高质量发展目标，就一定能够打造出具有国际一流水平的全过程工程咨询服务企业！

工程监理业务向PMC服务模式转型的思考

晁玉艳[1]　张晓东[1]　陈晓平[2]
1.中国石油项目管理公司；2.中国石油规划总院

摘　要：自从国家推行工程建设监理制度以来，已走过二十多年的历程，建设监理行业对工程建设质量的全面控制和提升起到了重要作用，作出了巨大的贡献。但与此同时，监理业务愈来愈不能满足建设项目管理服务市场发展的需求，长期徘徊在建设项目管理服务业务的低端，致使监理行业发展偏离监理制度设立的初衷，遇到了发展瓶颈和困境。本文通过分析PMC定位及其特点，对建设项目管理服务市场现状和发展趋势的剖析，结合国家对监理行业转型升级创新发展的意见和监理企业自身条件，对工程监理企业如何向PMC服务模式转型进行了有益思考。

关键词：监理业务　PMC服务　转型

一、关于 PMC 的定位

PMC，英文词义为 Project Management Contract，即项目管理承包。自从 PMC 概念被国内引进以后，业界对 PMC 并没有权威的统一认识，使得 PMC 的应用几乎还处于概念和探索状态。因此对 PMC 的定义进行深入讨论，明确涵义，对于建设项目实施阶段的管理策划，设定管理框架，统一业主单位和项目管理服务企业的对话平台有重要的实践意义。

国内业界一般将 PMC 定义为具有相应的资质、人才和经验的项目管理承包商，受项目业主委托作为业主的代表或业主延伸，帮助业主在项目前期策划、可行性研究、项目定义、计划、融资方案，以及设计、采购、施工、试运行等整个实施过程中有效地控制工程质量、进度和费用，保证项目的成功实施。上述对 PMC 的业务定位认识过于宽泛。

（一）管理服务和咨询服务的区别

PMC 应归类于建设项目实施过程的管理服务，在服务内容上应该侧重的是建设项目实施阶段业主需要进行并愿意委托给服务提供商的一系列实施性管理工作。虽然也可以称为咨询服务，但与建设项目的其他咨询工作，如项目前期策划、可行性研究，项目定义、计划、融资方案等不属于同一类服务内容，应有所区别。如果不能将咨询服务和管理服务区别开来，则会造成 PMC 与项目全过程咨询概念的混淆，当用 PMC 来表述建设项目的管理服务时则会使其内容含混不清，失去意义。根据国家发展改革委 2017 年 11 月 6 日颁布的《工程咨询行业管理办法》（第 9 号令）的规定，"工程咨询是遵循独立、公正、科学的原则，综合运用多学科知识、工程实践经验、现代科学和管理方法，在经济社会发展、境内外投资建设项目决策与实施活动中，为投资者和政府部门提供阶段性或全过程咨询和管理的智力服务"。工程咨询服务范围包括："规划咨询（含总体规划、专项规划、区域规划及行业规划的编制）；项目咨询（含项目投资机会研究、投融资策划，项目建议书或预可行性研究、项目可行性研究报告、项目申请报告、资金申请报告的编制,政府和社会资本合作'PPP'项目咨询等);评估咨询(各级政府及有关部门委托的规划、项目建议书、可行性研究报告、项目申请报告、资金申请报告、'PPP'项目实施方案、初步设计的评估,规划和项目中期评价、后评价,项目概预决算审查,及其他履行投资管理职能所需的专业技术服务);全过程工程咨询(采用多种服务方式组合,为项目决策、实施和运营持续提供局部或整体解决方案以及管理服务)"。

按照上述定义,PMC 的业务内容应是建设项目全过程咨询和管理内容的一部分,不可能也不应该是项目建设咨询与管理的全部。一是很难有这样的咨询企业能够独立承担这种完整的建设项目的全部咨询、管理任务;二是如果将全部咨询管理任务交给一家企业,其公正性不能保证,业主的主导性也不能得到保证,因此也难以形成建设方对这种全过程咨询服务的市场需求。

(二)管理服务模式的特点

PMC 作为一种项目管理服务模式,其具有以下特点:

1. 管理服务在建设项目中不承担项目实施的设计、制造、施工、操作等具体生产服务,只为业主提供建设项目实施过程的管理服务。

2. 管理服务在建设项目中所进行的管理服务工作具有相对独立性,有自己独立的团队组织、服务理念、工作规划、工作方法、工作标准、目标评价等完整的服务体系。

3. 管理服务内容可包含工程项目建设过程业主方所需要进行的全部管理内容中的任一部分。譬如项目立项启动后从勘察直到项目投产运行的实施管理服务,或者项目基础设计(初步设计)完成后,从详细设计(施工图设计)到项目投产运行的实施管理服务,也可以是详细设计(施工图设计)完成后,从施工招投标开始到工程项目投产运行阶段的实施管理服务,以此类推,也可以是项目建设中某一部分相对独立的具有明确目标的管理工作的实施。具体承担哪些服务内容,完全根据业主的具体需要而定。

4. 服务企业的项目经济收益与所承担任务目标的实现程度相挂钩,即项目管理承包。其最大特点是服务收费,除包括一般的成本费用之外,利润部分与工程管理效益挂钩。PMC 之所以能作为一种管理模式出现,是因为 PMC 是一种特殊的工程建设管理模式,其本质性内涵不在于其业务的覆盖性,而是它具有项目管理承包性质的运作特点,可以采取多种报酬形式实现项目管理承包,以鼓励管理服务企业的工作热情及精心程度。项目管理承包实际是 PMC 模式的核心特点,它能公平、公正地解决服务企业付出与收益之间不平衡的现实矛盾,从而实现服务供给和服务需求之间的良性循环,建立起丰富的建设项目管理服务市场,实现服务需求方与服务提供方的共赢。

二、PMC 的实施主体

PMC 业务内容主要体现在建设项目实施阶段为业主提供的设计管理、采购管理、招投标、施工管理、试车投运管理等几个方面的管理服务。而在这几方面的管理上,施工管理是项目建设实施的核心阶段,持续时间最长,涉及的管理和协调内容最复杂,所需要的管理资源最多。而监理企业承担的正是这方面的管理工作,并且在当前国家法律层面要求建设项目实行强制监理,单位和个人的执业资格管理严格。而对其他几个方面服务的要求则相对宽泛,当前尚无对其他方面管理要求的强制性法律条文。

监理制度的引进初衷,是要在国内工程建设项目管理方面培育能够承担建设项目实施阶段全过程管理的高水平专业化、社会化管理服务市场,从而提高整个工程建设水平。除了施工监理外,还提出了设置设计监理其意义正在于此,只是因为随着国家工程建设形势的巨大变化,施工监理的发展在社会大环境下由于先天不足而逐渐被弱化为实质上仅向业主提供施工现场无权威的安全和质量管理服务的尴尬局面,而设计监理几乎没有进展。施工监理虽然在施工安全和质量管理方面起到了一定的作用,但整个行业的发展受到了巨大的挤压,使得监理行业不得不检讨自己的过去，自我提升和进步的要求日益强烈。国家也认识到当前工程管理方面存在的问题，一直以来在推动工程管理模式创新上做了大量工作，提出鼓励有能力的企业开展建设项目全过程咨询服务，其中《住房城乡建设部关于促进工程监理行业转型升级创新发展的意见》（建市〔2017〕145号）中提到：鼓励监理企业在立足施工阶段监理的基础上，向"上下游"拓展服务领域，提供项目咨询、招标代理、造价咨询、项目管理、现场监督等多元化的"菜单式"咨询服务。对于选择具有相应工程监理资质的企业开展全过程工程咨询服务的工程，可不再另行委托监理。这也表明监理业务应属于项目管理内容的一部分。

目前设计单位、施工承包单位都在进行工程管理模式的探索，如设计总承包、施工总承包等，但以设计单位或施工单位为管理主体的工程承包服务，其利益取向与业主方存在较大分歧，因而这些承包商不可能也不应该成为代表业主进行项目管理的主体，业主需要另聘监理单位对其进行监督以维护业主方自身利益。而监理单位这时作为业主建设项目管理主体的比较优势恰恰在于监理单位不存在与业主的根本利害冲突，可兼容监理管理体系。这也意味着PMC服务模式在工程管理上的公正性，会易于被业主接受。

在对PMC认识上，要坚决消除将PMC与监理业务割裂对待的思维，必须清醒地认识到，无论是监理业务还是PMC服务，其实质都是为业主提供建设项目管理服务，只是业务范围不同，责任深度有所区别而已。因此监理企业拓展上下游管理服务，将业务升级为PMC服务模式，从主体资格上顺理成章，没有障碍。

三、当前PMC模式实践的现状

近些年来，PMC服务模式在一些较大建设项目中已有所尝试。但从实践效果看，我国工程建设管理国情对PMC服务模式的需求与前述PMC定义的业务范围、深度、计酬方法等相差甚远，大部分所谓的PMC管理服务仍然处于管理服务企业为业主提供技术管理劳务的低级状态，由管理服务企业选择性地向业主单位提供他们所需要的专业管理人员，与其组成所谓的IPMT（联合管理团队），参与业主方对建设项目实施阶段的各方面管理，取费方法基本按照所提供的人员数量及工日取费，根本不能系统地体现管理服务企业的基本管理理念和技术服务方法，因此也就谈不上是真正意义上的PMC服务。PMC模式的起步受到了市场需求的严重打击。之所以形成如此走向，主要有以下方面原因：

（一）管理服务市场需求不成熟

国内建设项目的管理依然热衷于采取大业主、小咨询、小服务的管理结构。特别是比较大的建设项目，业主为了保证其主导作用，首先是采用各种方式组建能够保证完全处于自我控制中的庞大管理团队，使得整个项目实施阶段的各项管理完全按照业主方建设项目负责人的意愿进行。项目管理团队的管理人员构成比较复杂，除少数骨干外，大部分人员为临时聘用人员。外聘人员不足时，才考虑由某一管理服务企业提供所缺少的技术劳务作为业主管理团队的补充，冠以联合团队美名，其实在该联合团队中基本上没有管理服务企业的灵魂。这样做的好处是业主方能够节省聘用专业管理团队的费用，至少可以节省出付给外聘专业管理团队的利润部分，但带来的弊端是由于外聘人员水平参差不齐及对项目整体或分项管理目标的认识差异以及项目后的去留方向、个人归属感等问题，可能会将不良情绪及利益考量很直接地体现在项目管理中，形不成最优的组织效率。另外因为临时组织机构的项目管理经验和技术可能存在不完善和非系统化缺点，也会极大地降低整体项目管理效率。

（二）管理服务市场供给不成熟

目前，国内管理服务市场供给方主要以监理企业为主。监理制度的设立初心，是想给建设项目管理服务培育一个懂法律、懂管理、懂经济、懂专业技术的高级社会化管理服务行业，但由于监理制度实行以来，与之相关的法律法规的不完善，各政府部门对监理制度认识的不一致甚至曲解，再加上国家工程建设高速发展，因法律规定的强制监理制度，促使监理队伍急剧扩张所带来的监理队伍合格从业人员比例下降，导致监理业务水平普遍降低，从而失去了市场对监理行业的信任，这些来自多方面的不利于监理行业发展的不良因素集合在一起，导致监理行业陷于低端业务而不能自拔，监理能够给建设项目提供的管理服务内容令建设项目需求方感到失望，行业因此放弃对建设项目社会化管理服务的追求。

（三）管理服务企业专业设置先天不足

在工程项目建设管理过程中，业主非常需要的一项内容是管理服务商有能力提供设计方面的咨询和一般决策，但由于作为承担施工阶段管理服务主体的监理单位没有相应的设计资质和变更设计的权力，使得监理的作用和权威性大为降低。另外监理单位普遍缺乏工程概预算的专业力量，不能为业主提供全面、深度、专业的投资控制服务，而投资控制对于大部分业主而言在建设项目中是首先要关注的问题。诸如此类业主关切和急需的服务内容还有很多，但目前大部分监理企业在提供这些方面服务的能力与需求相差甚远，对监理业务向PMC方向的提升非常不利。

上述管理服务的市场需求和供给现状决定了当前大部分项目建设的管理组织模式相对落后，管理技术专业化程度低，市场化管理服务发育不良。在此情况下，很多监理企业纷纷改换门庭，将监理公司改名为咨询公司或项目管理公司，想从企业性质的改变跳出监理行业的困境，并将业务目标瞄向PMC模式以调整业务结构。

四、监理企业如何切入PMC服务模式

开展PMC服务模式应该具备有采用PMC管理模式的服务需求、管理承包商具有与该模式相适应的基本管理基础和能力等内、外部条件，其中内在条件尤为重要。

（一）监理业务向两端延伸

综合起来看，监理企业如果能将监理业务向两端延伸，则具备PMC服务模式的基本要素和架构。因此，工程建设的PMC管理模式实践上应当是当前施工监理服务向上延伸，至少延伸至设计管理。其中施工管理部分与现行的监理工作应是替代关系，即有了PMC管理承包合同，业主可以不再另行聘请监理单位。这是由PMC模式的服务内容与当前政策决定的，也是PMC服务模式对业主具有吸引力之处。在PMC模式中，由于管理效果与管理承包取费挂钩，管理承包取费要大大高于一般施工监理的取费，所以业主希望得到的是管理承包企业提供全方位、全过程的工程建设管理服务，业主除很少数的协调人员外，不对工程管理事务进行过深的介入，工程建设管理的几乎全部事务要由管理承包企业承担，具有代表业主行使工程建设管理的委托授权。

（二）提升管理服务的能力

目前，PMC管理尚未成为工程建设的主流管理，没有成熟的管理经验，但从服务供需双方责任和利益的起点看，必须是更高一级的管理机制，因此在实践中，实施PMC服务的效果应该也是高起点的，否则将不会有生命力。为此，监理企业应考虑在进行PMC服务模式运作时，下大力气，集中企业优势力量，做好人员、技术方面的充分准备，积极开展以下几方面的工作：

1.针对PMC服务方向，积极引进和培养建设项目管理需要的各类技术专业力量，如建筑师、结构工程师、造价工程师、咨询工程师、招标代理、法律、金融等专业人员，更应注重引进具有综合专业能力和协调管理能力的复合型人才，同时采取各种形式的培训提高现有员工的业务技术能力，积极申请与建设项目管理相关的各种职业资质（如设计资质），逐渐建立起一支专业配套、有能力承担项目管理承包业务的技术队伍。

2.一个监理企业在短期内要完成独立、完善的专业配套、业务能力强的高素质队伍的建设将是非常困难的，不能满足建设项目管理服务市场的需求，因此可以考虑通过与各类相关企业进行重组、组成项目联合体等方式充实项目管理专业和人员，改善现有组织结构，形成完善的项目管理服务体系，在建设项目管理服务市场中首先形成供给能力。《住房城乡建设部关于促进工程监理行业转型

升级创新发展的意见》（建市〔2017〕145号）中也明确提出鼓励大型监理企业采取跨行业、跨地域的联合经营、并购重组等方式发展全过程工程咨询。同时密切关注建设项目管理服务市场的需求特点及政策变化，及时调整与市场密切结合的时机与策略，促进顺利切入PMC服务模式。

3. 监理企业应在现有监理制度的基础上针对项目管理的特点建立能够体现本企业建设项目管理理念和管理特点且满足建设项目业主管理需求的标准和工作规范，为后续PMC服务模式的实施打好技术基础。

4. 监理企业扎实做好现有业务，在监理业务中坚持认真细致的作风，用踏实严谨的工作态度来提高施工安全、质量、进度、投资、合同等的管理效果，重视业主对建设项目管理的关切点，为业主提供增值服务，赢得业主的重视，努力提高监理在业主心目中的地位，让业主方相信监理企业有能力、有优势承担完整的项目建设管理业务。

5. 利用现代信息技术收集、整合、积累建设项目领域各类相关的信息资源，建立起一套功能完善的信息管理系统，为建设项目管理服务提供全方位的法律法规、技术、方法、经验等的项目管理信息库，为建设项目管理服务提供更为强大的技术支持。

（三）逐步培育管理服务市场

业主对PMC服务模式的需求是渐进式的，需要业主逐渐认识到其中的优点并得到收益后才会有所认可。而PMC管理承包模式与目前国家工程监理功能相兼容，这是PMC模式能够由监理企业实施的基础，但服务内容的扩展部分则是与当前普遍采用的建设项目管理模式有所冲突的部分，监理企业如何将现有业务进行延伸与提升，需要通过实践进行磨合，逐步找到自己的定位和市场。主动开拓建设项目管理服务市场，加大向业主宣传PMC服务模式的力度，结合当前国家已经出台的各种推动建设项目全过程管理政策的有利形势，耐心地向业主方介绍PMC服务的内容、方法、意义，提高其将项目管理工作外委，进行专业化管理的必要性。在宣传中应该注重传达PMC服务模式的项目管理风险共担，即管理承包的特点，使PMC服务的真正含义深入人心，为PMC服务模式健康正常发展铺平道路。

五、结束语

PMC服务模式的实现对现有监理企业的经营理念、业务水平以及经营业绩应该是一次质的提升，对于监理企业走出发展的困境，具有突破性意义。在当前整个工程建设管理面临改革、创新、大调整的有利形势下，各监理企业积极参与转型与业务升级，立足于做好当前的监理工作，着眼于开拓PMC业务，开始跻身于工程管理的高端市场，顺理成章，意义重大。当然监理企业自身条件的改善和提升只是建设项目管理服务市场供给侧的自我挑战和完善，要想建设项目业主很快接受这种服务模式，还有一定难度，需要在内外部多种因素的刺激下才能激活其市场需求。因此监理企业应在抓紧时机进行PMC服务的人力、技术准备的同时，继续统一对PMC服务模式的认识，深入进行理论探讨和研究，构建PMC服务模式的统一工作标准和实施体系，达到规范地开展PMC服务的基本条件，向业主方展现出开展PMC服务的优势保证，争取市场的信任。

同时，也要充分认识到，作为建设项目管理服务的一种模式，PMC有它自己的适用范围，不可将其过分夸大。建设项目采取哪一种管理模式是由项目业主的自身条件、实施战略和外部客观因素决定的，不同的组织管理模式具有不同的合同体系和管理特点，因而也有不同的服务需求。业主可以将建设项目的全部管理工作委托出去，由管理服务企业派出项目经理作为业主的代理人，管理设计单位、施工单位、物资供应商等，承担工程项目的计划、招标、实施准备，开展工程的安全、质量、进度、投资、合同、信息等项目实施管理工作，业主方主要负责项目的宏观控制和高层决策工作，一般不与承包商直接对话。也可以将项目管理工作按照职能或专业分项委托给不同的管理服务企业。作为监理企业应当适应市场需求，根据项目业主的发展战略和需求灵活的提供项目管理服务模式。

监理企业人才培养的途径探讨

缪玉国
苏州城市建设项目管理有限公司

> **摘　要**：企业要发展，人才是关键，企业只有拥有高素质的人才，才会提升自身的竞争能力和水平。同理，监理企业发展过程中人才的培养成为企业良性经营的根本，从而可使企业在激烈的竞争中处于不败之地。本文重点对监理企业人才流失的原因进行了分析，对人才培养途径作了探讨，希望能够为监理企业的发展和进步提供借鉴。
> **关键词**：监理企业　人才培养　培养途径

前言

企业要结合自身的实际发展状况注重对人才的培养，企业管理者应该深谙人才培养在企业发展中的重要作用。同时，监理企业还应该对人才流失产生的原因进行重点分析和研究。这样，才能够更好地招揽、留用和培养优秀的人才，并且，企业还应该积极关注自身发展状况，从实际发展状况出发，确定优秀人才的培养方向和培养模式，为企业的发展积聚更丰富的人力资源。

一、当前监理行业从业人员基本状况

三十年前，我国开始在建设工程领域推行建筑工程监理制度，与项目法人责任制、招标投标制和合同管理制成为工程建设中的"四大制度"。经过几十年的推行实践，工程监理制度已经取得了许多成熟的经验并朝着良好的方向发展。应运而生的是众多的工程监理企业和广大的监理从业人员队伍，以及与时俱进的企业经营管理方法和人才延揽、使用和培养模式。虽然在监理从业人员中，专业技术人员和高级职称技术人员的数量均在不断增加，但也不能否认，目前监理从业人员的整体素质还有待提高，人员的行业外流和流动性相对较大，一些经营管理者人才培养的战略意识尚且不足。对此问题有必要作探讨研究。

二、人才培养的战略地位

（一）企业良性经营之源

不管是哪一家企业，其经营目标与宗旨无疑是希望持续经营和稳定成长。在这个发展过程中，正确的经营理念不可或缺。通常，在业务承揽理想的情况下，企业是可以选择市场份额的，监理人员作为一种人力资源也可以进行相应的调配。但是，即便在不愁业务来源的情况下，为企业更好地发展考虑，也应该对专业人才自身的能力进行重点关注和努力提升，有智慧的管理人员必然将会重点关注人才的招揽、福利待遇、提升培养，而如果忽视了企业人员的职业生涯关注和发展愿景树立，就会经常出现人员流动频繁和人力资源枯竭等问题，造成企业经营困难，阻碍企业发展进步。因此，可以说人才培养是企业进行良性经营之源。[1]

（二）企业在市场竞争中立于不败之根

建设工程监理市场是一个完全依靠竞争的市场，竞争比较激烈，低价中标的不良竞争时有出现。比如，开发商在选择监理合作方时，往往只关注监理取费，而忽视了企业信誉、技术能力、类似经验等方面的考虑。而有一些开发商在进行合作伙伴选择的过程中，就会重点观察合作人员的业绩，不仅涉及企业的文化、服务理念、技术，还涉及管理理念、增值服务等。以上关注点都与监理企业人才的培养存在着很大关联。在监理企业运行的过程中，如果不能重点关注人才的培养，就不会形成一支技能较强的人才队伍。长此以往，就极度容易在市场竞争中遭到淘汰。由此可以看出，人才培养是企业在市场竞争中立于不败之地的根源。

（三）企业可持续发展之本

企业如何更好地发展和进步，是企业领导人时刻关注的内容。因此，在企业内部要重点关注人才储备。在国民经济不断发展的背景下，大型综合工程建设随之兴起，这给监理企业的发展提供了更多更好的服务机遇，也为其提供了更为广阔的发展平台。想要抓住机遇并占据更多的市场份额，就应该提升企业自身的综合素质，并着重关注企业内部工作人员的素质。但是，企业内部人才素质的培养并不是一蹴而就的，而是需要经过长期的历练。在此情况下，应该积极重视企业的人才培养，从实际出发，为企业发展提供最基本的可持续动力支持。

三、造成监理人才流失的原因剖析

（一）监理行业的社会地位

经过几十年的发展，监理业的社会地位逐渐凸显，但大多数监理企业的现状，仍停留在初级阶段。其中一个重点原因便是由于行业入门门槛较低，有一些人会利用社会人脉关系创办公司。虽然这样承揽业务比较方便，但是，由于人情决定了一切，会在很大程度上忽略了必备的人力资源，经营时偏离了企业间的公平公开竞争的正常秩序，行业之间出现了一些不正常的竞争态势，如低价竞争、劣质服务等问题。另外，还有一些从业人员自身的素质比较低，又不注重学习与进取，并没有展现出比较高的技术素养和专业水平。在不自律的情况下，还会出现损害企业形象的职业道德问题，促使一些有能力的专业人才转岗、跳槽。[2]

（二）监理从业者的个人发展远景

监理人员中，有很多学历比较高。从年龄角度看，中年以上的人员数量比较多。通常情况下，青年从业人员主要是为解决当时的就业困难，也是为了在一定程度上满足从业人员的求知欲望。青年从业人员有一个比较重要的问题便是对监理行业的发展缺乏自信心，最终形成了人才流失等现象。

（三）行业薪酬福利较低

从建筑行业开发商、设计、施工、项目管理、招标代理、造价咨询各行相比，监理企业的薪资福利是属于比较低的。同时，也没有更好的工作环境。从内部角度出发，大多数企业的员工薪酬结构还是不够科学合理、公平透明。员工并不能对自身的薪酬要求和标准产生一个正确的认知和分析。在企业内部就出现了这样一个问题，即先进入的企业员工薪酬资金比后进入的员工低。在相同学历的情况下，职称相等，但是呈现出的薪酬结构却存在很大的差别。另外，年薪制和月薪制的层次还不够合理，也比较模糊。这些问题就导致监理机构项目的考核体系不够完善和健全。在单一薪酬的背景下，就导致了监理企业内部的人才出现流失问题。[3]

（四）吸引力越来越弱

在当前，监理企业吸引人才的能力比较弱，并不能满足人才的实际发展需求。通常，专业技术人才的流动频繁，比如那些高学历和高职称的人才流失现象比较严重。还有一些高端专业技术的培养缺乏继承人员，这是值得我们关注的。但是，这些问题并没有引起企业内部管理人员的重视和关注，也不能有效解决。这样的情况，会阻碍企业的发展和进步。因此，对人才进行重点培养，并形成人才储备机制，应是当前监理企业重点关注的内容。

四、监理企业人才培养途径

（一）多渠道社会招募

一般来说，从多个渠道和多个方面重点招聘人才是一个十分有效的方法。监理企业内部应该建立完善的人才梯队和管理机制。那些技术能力强、熟悉具体操作规范和工作经验丰富的专业人才能为监理企业作出很大的贡献。比如，工作经验比较丰富的人员就会为企业做相应的技术和服务咨询，并对相关工作人员进行重点指导和引领。同时，还应该重点关注社会层面。在监理取费标准开放的背景下，监理企业朝着其他方向发展，并保证人员的稳定，就能促进企业更好、更健康地发展运行。对人才的呼唤和渴求，会使不同类型的人才得到满足，使其朝着良好的方向发展，并在这个过程中拥有更加宽阔的心胸。[4]

（二）多层次经验传承

监理企业在对人才进行重点培养的过程中应该关注阶梯式发展步伐，同时还应该积极发挥和展现出专家团队的作用与价值。重点要从"传、帮、带、培"等不同环节进行深度地挖掘和分析。比如，在监理企业内部应该重点培养那些发展后劲和潜力比较大的从业人员，保证其在成长为监理企业重要的力量支撑。期待他（她）们能帮助企业更好地解决发展中存在的难题。同时，在这个过程中还应该积极关注问题的有效解决，对这些人员进行重点培养，帮助他们立身做人，完善监理工作。另外，在经验传承的过程中，还可以使这些人员更好地成熟起来。在走向岗位的同时，更好地迎接挑战。比较重要的一点就是人力资源管理部门应该重点做好人才选拔的工作，要利于企业发展和进步，为企业培养出有责任心、有职业道德和修养的人员。在这样的情况下，才会更好地、多层次地传递经验。[5]

（三）多方式职业培训

在对监理企业的工作人员进行重点培训的过

程中，应该使其朝着多样化和社会化的方向发展，保证工作人员能够朝着职业化的道路成长。合理运用社会力量，对其进行职业培训。在坚持高素质和高标准的原则上，对工作人员进行严格地管理。如在进行监理人员培养的过程中应该重点关注工程师的专业技能和职业素养的培养。针对监理行业中存在的人员配备和素质等问题的，应该重点关注其技能培训。针对那些已经取得职业资格证书的监理工程师，应该对其进行侧重点培训和继续教育。没有取得资格证书的人员，企业应该定期对其进行上岗培训。在这个过程中可以根据实际情况进行定期、定点的分批、分层培训。运用这样的手段，能够进一步提升监理工作人员自身的素质。[6]

（四）多元化院校代培（训）

在监理企业内部应该创建和培养一支高素质的监理人才队伍，并保证其与国内外的工程管理学院密切联系。比如，可以创建毕业生的实习基地，在应届生中对人才进行重点招聘。在这样的情况下，毕业生就会把在学校期间学习到的知识合理地运用到具体实践中，在实践中更好地成长和发展。因此，从企业的发展角度出发，监理应积极展现出应有的作用和价值，不断地完善自身职责，并与国际接轨。在借鉴国外经验的同时，能够展现出多元化的人才培养模式。更重要的是，能够吸引更多的高素质专业人才融入本行业中。[7]

（五）多区域交流互动

在监理企业内部应该不断实现信息的共享，保证企业内部之间的项目人员能够更好地沟通和交流。一般来说，企业内部人员密切交流会使知识、技术和信息资源实现有效的共享，促进合作，在很大程度上就能够展现出人才培养的重要性和价值。不同项目之间的工程也呈现出不同的特点，这要求对工作人员进行合理的分工，不仅要使其在具体交流的过程中增加自身的知识，还应该开阔视野，不断积累经验，为保证知识和技能的有效运用奠定坚实的基础。

（六）多梯队使用锻炼

一般来说，在进行人才培养的过程中应该积极展现出预期目标。在最近几年的人才培养中，对工作人员进行了重点锻炼和培训，保证了工作人员更好地履行自身的职责，也为其提供展示自我的机会和空间，更好地展现出他们的聪明才智。让经验丰富的总监作导师，就可以进行多梯队式的人才培养。在工程建设监理工作的过程中，创建三方关系，对相关工程标准进行准确判断，在与有关部门进行重点沟通时，把项目更好地展现在平台上。

综上所述，在我国建筑行业的发展环境不断优化的背景下，监理行业在朝着专业化的方向发展和进步。此时，监理行业应该重点关注自身职责，在抓住人才发展机遇的同时，还应该创建全方位的发展模式和机制。在实际进行企业人才培养的过程中应该在立体化的方向上发展，树立人才培养的重要观念和信心。另外，还应该积极寻找培养人才的渠道，为提升监理企业的整体素质和发展方向奠定坚实的基础。相信在以上措施若有效实行，监理企业的人才培养一定会更加高效，企业也会朝着健康文明的方向发展进步。

参考文献

[1] 王静杰.公路监理企业与从业监理人员之现状分析[J].黑龙江交通科技, 2017, 40 (09): 174–175.

[2] 李武玉.加强监理人才队伍建设促进监理企业转型发展[J].建设监理, 2017 (02): 26–28+79.

[3] 刘汉平, 刘涛, 张凯峰.监理行业人才培养与提升企业竞争力途径的探讨[J].建设监理, 2015 (12): 10–11+41.

[4] 秦龙, 李仁宝.浅谈监理企业人力资源的供求关系及优化调配对策[J].建设监理, 2015 (08): 27–29+44.

[5] 陈慧.闽台"校校企"合作模式下城市轨道交通运营管理专业人才培养模式探究[J].林区教学, 2015 (08): 5–6.

[6] 王黎峰.浅谈加强监理人才队伍的培养和建设[J].建设监理, 2015 (07): 33–35.

[7] 刘廷彦.关于工程建设监理人才问题的思考[J].建设监理, 2013 (01): 7–11.

三十载风雨兼程 工程监理再起航
——与中国建设监理协会会长王早生谈行业改革与发展

汪红蕾[1] 孙璐[2]

1.建筑杂志社；2.中国建设监理协会

——转自《建筑》2018年第13期

王早生
中国建设监理协会会长

1988年7月，建设部发布《关于开展建设监理工作的通知》，提出建立具有中国特色的建设监理制度；1992年，包括《工程建设监理单位资质管理试行办法》的一系列规章制度印发，工程监理制度结束试点，开始稳步发展；1996年1月，工程监理制度全面推行。三十年来，建设监理制度有力推动了工程建设组织实施方式的社会化、专业化进程，成为工程质量安全的"保护网"，提高工程建设水平和投资效益的"助力器"。建设监理制度作为改革开放的新生事物，载入了我国改革创新的史册。

工程建设监理行业三十年间取得了哪些成就？新形势下开启新征程将面对哪些挑战？下一阶段，建设监理行业如何落实各项改革任务、创新发展？在全国各行业隆重纪念改革开放40周年、建设行业纪念工程监理制度实施30周年之际，本刊记者对中国建设监理协会会长王早生进行了专访。

峥嵘岁月稠 监理踏歌行

记者：从20世纪80年代后期，我国开展工程监理试点工作至今，工程监理行业走过了不平凡的三十年。请问我国建设监理行业的发展经历了哪几个不同的阶段？

王早生：我国建设工程监理制度从发展到走向成熟，先后经历了试点、稳步发展和全面推行三个阶段。

1988年至1992年是试点阶段。1988年7月25日，建设部发布《关于开展建设监理工作的通知》，提出建立具有中国特色的建设工程监理制度；1988年8月1日，《人民日报》第一版刊登了《迈向社会主义商品经济新秩序的关键一步》一文，从此在我国工程建设历史上掀开了新的一页；同年11月28日，建设部印发了《关于开展建设监理试点工作的若干意见》，决定在北京、上海、南京、天津、宁波、沈阳、哈尔滨、深圳八个重点城市和能源、交通部门的水电和公路系统进行试点。1989年7月，建设部发布《建设监理试行规定》，这是我国开展建设监理工作的第一个规范性文件，它全面地规范了参与建设监理各方的行为。截至1991年年底，建设监理试点工作在全国25个省、自治区、直辖市和15个工业、交通部门开展，在提高质量、安全生产、缩短工期、降低造价方面取得了显著的效果。

1993~1995年是稳步发展阶段。1992年，建设部制定了一系列规章和文件，包括《工程建设监理单位资质管理试行办法》《监理工程师资格考试和注册试行办法》《关于发布建设工程监理费有关规定的通知》等。1995年10月，建设部、国家工商行政管理局印发了《工程建设监理合同（示范文本）》（GF-95-0202）；同年12月，建设部、国家计委颁布了《工程建设监理规定》。工程监理制度不断完善，中国建设监理协会于1993年成立，监理工程师考试开始试点，这是承前启后、继往开来的阶段。截至1995年底，全国29个省、自治区、直辖市和国务院39个工业、交通等部门推行了工程监理制度。

1996年至今是全面推行阶段。从1996年1月开始，建设工程监理制度在全国全面推行。从1997年起，全国正式举行监理工程师执业资格考试。1997年11月1日，第八届全国人大常委会第二十八次会议通过了《中华人民共和国建筑法》。《建筑法》第三条规定："国家推行建筑工程监理制度。"这是我国第一次以法律的形式对工程监理作出规定。2000年1月30日发布施行的《建设工程质量管理条例》（国务院令第279号），对工程监理单位的质量责任和义务作出了具体的规定。2001年1月，建设部发布了《建设工程监理规范和规模标准规定》，规定了强制实行建设工程监理的范围，使建设工程监理制度真正成为建设领域必须实行的重要制度。2004年2月1日起施行的《建设工程安全生产管理条例》（国务院令第393号），对工程监理承担建设工程安全生产的监理责任作出了规定。2006年1月，建设部颁布了《注册监理工程师管理规定》，明确了注册监理工程师的权利和义务，强化了注册监理工程师的责任。同年，建设部发布了《关于落实建设工程安全生产监理责任的若干意见》。

记者：不断积累经验，不断改革前行，经过三十年的发展历程，工程监理制度的实施取得了哪些成就？

王早生：经过三十年的实践，监理在工程建设中发挥了不可替代的重要作用，在我国经济高速发展、推进城镇化以及大量基础设施和工程建设中，为保证建设项目的工程质量、安全生产以及人民生命和国家财产安全，为人们安居乐业和社会稳定作出了积极贡献。

三十年来，我国经济持续快速发展，一大批铁路、公路、城市基础设施项目、住宅和公共建筑项目、工业项目建成投产，特别是北京奥运、上海世博、高速铁路、跨海跨江大桥、超高层建筑等一大批代表当今世界先进水平的"高、深、大、难"工程项目高质量地建成并投入使用，不仅凝结了工程勘察、设计、施工行业广大干部、技术人员、工人的智慧和力量，也凝结了全国工程监理行业100万监理人的心血和汗水。工程监理对工程质量和进度控制、安全生产管理及投资效益的发挥，以及我国建筑业和国民经济可持续发展作出了贡献。

工程监理制度的实施推进了我国工程建设组织实施方式的改革，是我国工程建设领域引进和学习国外先进工程管理模式的结果，其推行改变了长期以来我国工程建设领域自筹、自建、自管的传统管理模式，促进我国建设项目管理方式由单一化走向多元化，促使建设项目管理向社会化、专业化、现代化的方向发展，为我国建设项目组织实施方式的变革开启了一条新兴之路。

通过实施工程监理制度，建设工程的质量和安全生产管理得到了提升。一方面，工程监理对工程质量的形成过程做到了全过程的控制和监督，从而确保了工程质量；另一方面，通过审查专项施工方案，督促做好施工作业安全技术交底，在现场巡视检查、跟踪监督施工是否按施工方案和强制性标准进行，检查安全隐患及现场文明施工等方式，最大程度地保证了安全生产。

工程监理制度的实施保证了建设工程投资效益的发挥，促进工程项目在满足预定功能和质量标准的前提下，同时控制工程建设投资，控制工程建设周期，实现工程质量、投资、进度、环境等方面的综合效益最大化。工程监理在实施过程中，通过参与落实设计意图和要求、工程建设过程管理、合同管理、信息管理、工程验收等工作，来保障项目投资效益的最大化。

实施工程监理制度，促进了工程建设管理的专业化、社会化发展。工程监理企业以自身专业的工程管理知识和经验为业主提供全面科学的工程咨询服务，使业主在施工技术、合同、质量、进度、投资等方面得到支持。同时，随着工程监理制度的完善、工程监理企业数量的增加，更多的建设项目实施了监理，使得工程建设管理的专业化、社会化程度不断提高。

近年来，我国对外开放不断扩大，吸引了大量外商到我国投资，这些投资者为保障自身权益和投资效益，都普遍要求实行工程监理制度。另一方面，过去我国的承包队伍进入国际市场后，由于不熟悉国际惯例，缺乏工程咨询及监理知识和相关经验，常常使经济收入和企业信誉受损。实施工程监理制度后，我国的承包队伍逐步熟悉了工程咨询及监理制度，增强了国际竞争力。因此，工程监理制度对于吸引外资和先进技术、适应和开拓国际建筑市场，增强我国建设队伍的国际竞争力等方面发挥了巨大作用，推进了我国工程管理的国际化进程。

改革促发展　奋进谱华章

记者：历经三十年创新与发展，我国监理制度从无到有，发展迅速，取得了比较好的社会效益，已经初步形成了具有中国特色的工程管理制度。请您简单谈谈工程监理行业发展的现状。

王早生：我国工程监理自1988年起步发展至今，在借鉴国际通行规则的同时，已经逐步形成了具有中国特色的工程监理制度，相应的法律法规及标准体系也逐步得到了建立和完善，一方面适应了工程建设领域市场经济体制改革的需要，奠定了工程监理在建设活动中的法律地位；另一方面明确了工程监理的法律责任，规范了工程建设监理企业和人员的行为，加快了工程监理的法制化进程。

近年来，伴随着工程监理行业的发展，我国工程监理企业经营范围不断拓展，经营规模不断扩大，工程监理企业数量整体呈上升趋势。截至2017年底，全国共有工程监理企业超过8000家，注册监理工程师接近19万人，工程监理企业从业人员超过100万人，涵盖房屋建筑、市政公用、电力、石油化工、铁路、民航等14个专业类别，覆盖几乎所有重大工程和具有一定规模的工程，工程监理企业承揽合同额超过3000亿元。

当然，监理行业目前仍然存在一些问题和困难：一是法律法规制度不够健全；二是行业诚信体制不够完善；三是社会各界对监理履职尽责的期待与一些项目上的监理作用发挥不到位的反差；四是建设单位对监理服务的要求日益提高，监理服务质量与建设单位期望之间存在一定差距；五是新形势下出现的新问题，传统的发展理念和发展模式面临严峻挑战。我们要正视存在的问题，不忘初心，勇于担当，不断推动行业向前发展。

记者：对于我国工程监理定位的讨论非常热烈，社会上对于工程监理企业的认识也不尽一致。请您谈谈对这一问题的思考。

王早生：首先，有讨论、有争论、有不同认识都很正常。我们无须回避，也不应充耳不闻。至少这说明全社会都极其关心监理事业，对监理行业寄予高度期望。希望监理人担起责任，不负期望，履职尽责。说到监理的定位，我觉得就是回归监理制度设立的初衷。工程监理制度的实行是我国工程建设领域管理体制的一次重大改革，是出于对传统工程建设管理体制的反思、改革开放的推动、治理整顿建筑市场的需求设立的，它引导和促进建设单位的工程项目管理逐步走上专业化、社会化道路。

1988年建设部发布的《关于开展建设监理工

作的通知》中明确指出："工程监理的内容可以是全过程的，也可以是勘察、设计、施工、设备制造等的某个阶段。监理的依据主要是工程合同和国家方针、政策及技术、经济法规。一个建设项目，可以委托一个监理组织实施监理，也可以委托几个监理组织进行监理。"从当时的规定可以看出，我国建立工程监理制度的初衷是对工程建设前期投资决策阶段和建设实施阶段实施全过程、全方位的监理。项目决策阶段的监理是如何避免决策失误，如何力求决策优化；项目实施阶段的监理是如何确保项目目标最佳地实现。这种构想和设计在建设部1988年印发的《关于开展建设监理试点工作的若干意见》及1989年颁布的《建设监理试行规定》中再次明确。

1995年，建设部发布的《工程建设监理规定》对工程建设监理服务内容描述为"控制工程建设的投资、建设工期和工程质量；进行工程建设合同管理，协调有关单位间的工作关系"。

国务院于2000年1月30日颁布《建设工程质量管理条例》和2003年11月24日颁布《建设工程安全生产管理条例》，明确了强制实施监理的工程范围，规定了工程监理单位及监理工程师在工程质量和安全生产管理方面的责任和义务，进一步增强了建设工程监理的法律地位。

由此可见，国家对监理的定位一直是清晰的，实际上是建设工程全过程、全方位的监理。出现了一些争议，主要是因为在个别项目上存在职责边界划分不清，各方主体不同程度地存在所谓"缺位、错位、越位"的现象。监理的法律定位是清晰的。

记者：随着建筑领域改革进入"深水区"，建设监理行业改革将面临哪些新挑战？

王早生：工程监理制度本身就是改革的产物。因此，我们要以改革引领、指导各项工作。改革是我们发展的原动力，从大的方面来说国家在改革，就我们监理行业来说也在深化改革，比如开展全过程工程咨询服务等。政府以及主管部门不断出台新的政策，有的是按照简政放权、"放管服"的要求推出的政策，有的是加强行业内部管理提出的政策。开展全过程工程咨询，需要有指导意见、合同示范文本、技术标准等一系列基础性的制度文件作为支撑，才能推动这项改革。所以我们监理行业在改革方面还要多下功夫，要充分认识到只有改革才能带来活力、生命力和可持续发展的动力。监理行业是靠改革起家的，我们要坚持改革、与时俱进。尤其是当前社会不断发展变化，市场的多元化给监理行业的发展提出了很大的挑战。

党的"十九大"报告指出，中国特色社会主义进入了新时代，正处于决胜全面建成小康社会的攻坚期，社会的主要矛盾已经转化为人民日益增长的美好生活需要和不平衡不充分的发展之间的矛盾；我国经济已由高速增长阶段转向高质量发展阶段，正处在转变发展方式、优化经济结构、转换增长动力的攻关期。

高质量发展，对我们监理来说，就是克服发展瓶颈、创新发展优势、转换增长动力，依靠创新，向科技要效益、向管理要效益、向人才要效益。随着国家供给侧改革深入推进，监理的发展需要我们主动出击，有所作为，要用成果赢得业主，取得效益。要延伸服务领域，乘行业试点东风，走出行业创新发展之路。

但是无论如何创新，我们的初心不变，一切为了工程质量安全，这和坚持以人民为中心的出发点是完全一致的。

新时代提出了新要求，监理人要有新作为。我们要以满足人民获得感、幸福感、安全感为目标，准确把握新时代发展的特点、脉络和关键，把思想和行动统一到党的"十九大"精神上来，坚持质量第一，效益优先。

绘就新蓝图 开启新征程

记者：一些地方出台文件，提出部分工程可不用监理，即社会投资的"小型项目"和"工业项目"中，不再强制要求进行工程监理，建设单位可以自主决策选择监理或全过程工程咨询服务等其他管理模式。有人理解为这是要取消监理制度，对此，您怎么看？

王早生：国家以法规形式确立了监理制度，在大量减少行政审批、取消执业资格的前提下，仍然保留了监理工程师资格考试制度和注册行政审批制度，将监理列为工程建设五方责任主体之一，说明了监理在工程建设中的重要性不容置疑，不然可能会对工程质量安全和人民生命财产安全造成不可估量的损失。

中共中央和国务院文件也多次强调工程监理，《中共中央国务院关于深化投融资体制改革的意见》（中发〔2016〕18号）提出"依法落实项目法人责任制、招标投标制、工程监理制和合同管理制，切实加强信用体系建设，自觉规范投资行为"。进一步表明国家对监理的重视。《国务院办公厅关于促进建筑业持续健康发展的意见》及《住房城乡建设部关于促进工程监理行业转型升级创新发展的意见》等文件，鼓励监理企业在立足施工阶段监理的基础上，向"上下游"拓展服务领域。鼓励监理企业跨地区兼并重组创新发展，有能力的监理企业开展全过程工程咨询，为工程监理行业的发展指明了方向。

《中共中央国务院关于进一步加强城市规划建设管理工作若干意见》提出，强化政府对工程建设全过程的质量监管，特别是强化对工程监理的监管，一方面说明部分地区监理市场秩序和部分项目监理人员履职中确实存在这样那样的问题，市场不规范，服务质量不高，建设单位不满意等；另一方面说明工程质量关系公共安全和公众利益，在法制不健全、社会诚信意识不强、国家处在快速建设时期，要保障工程质量安全，上百万人的监理队伍是一支不可或缺的专业技术力量。有为才能有位，责权方能相当。我们要充分了解国家和人民对监理的期望，明确监理存在的目的和意义，才能应对风险，更好发展。

一些地方出台文件调整强制监理范围，目的是为了改善和优化市场环境，进一步推进"放管服"改革。但对于一些非国有投资的项目，不再要求强制监理，并不意味着国家就是要取消监理制度，就是对工程质量安全放松了要求，这是一种误读。调整强制监理范围只是工程项目管理形式多样化了，建设单位可以根据需要自主决策选择监理或是实行自管等其他管理模式。地方文件同时要求，无论对工程是否实行强制监理，建设单位的法定责任不会改变。实际上，许多建设单位还是愿意委托专业监理队伍管理工程项目，国际上也是如此。我们监理企业只要受业主委托开展监理活动，不管这

个项目是否属于强制监理范围,都应该尽心尽责地把项目管理好,履行好国家法规和业主赋予我们监理的法定职责。

记者:请您结合去年住房和城乡建设部出台的《关于促进工程监理行业转型升级创新发展的意见》,分析一下建设监理行业的发展趋势并对监理企业提出发展建议。

王早生:《意见》提出,工程监理行业发展的主要目标是:工程监理服务多元化水平显著提升,服务模式得到有效创新,逐步形成以市场化为基础、国际化为方向、信息化为支撑的工程监理服务市场体系。行业组织结构更趋优化,形成以主要从事施工现场监理服务的企业为主体,以提供全过程工程咨询服务的综合性企业为骨干,各类工程监理企业分工合理、竞争有序、协调发展的行业布局。监理行业核心竞争力显著增强,培育一批智力密集型、技术复合型、管理集约型的大型工程建设咨询服务企业。同时,《意见》将推动监理企业依法履行职责、引导监理企业服务主体多元化、创新工程监理服务模式、提高监理企业核心竞争力、强化对工程监理的监管等作为主要任务。《国务院办公厅关于促进建筑业持续健康发展的意见》也提出,要培育全过程工程咨询,鼓励投资咨询、勘察、设计、监理、招标代理、造价等企业采取联合经营、并购重组等方式发展全过程工程咨询。这为工程监理行业指明了未来的发展方向。

由此分析,我建议,监理企业应该根据自身资源、能力等条件实现差异化和多元化发展,拓展企业经营服务空间和范围。

大型综合性工程监理企业应在做好施工阶段监理工作的基础上,发挥自身的管理优势,通过进一步整合设计、施工管理资源,发挥技术、人才密集优势,提供集项目策划、设计管理、招标代理、造价管理、施工过程管理等为一体的全过程咨询服务,提高工程建设管理和咨询服务水平,保证工程质量和投资效益。对于有能力的工程监理单位,要凝聚高层次人才,优化管理流程,建立高水平知识管理平台,逐步转变为具有国际竞争力的工程咨询企业。

中小型企业可以走专业化发展的道路,根据细分市场的需求,"做专、做精、做特、做新",比如开展"深度"的专项监理,在传统施工监理的基础上提供专项监理服务,如混凝土搅拌站监理、装配式建筑驻场监理等。

记者:您刚才谈到全过程工程咨询代表了工程咨询重要的发展方向和趋势。请您谈谈在这方面的思考。

王早生:简政放权形势下,政府对市场的干预度在降低,市场的开放程度在提高,业主日益重视服务提供商的综合咨询服务能力,实现项目管理的集成、高效和经济。全球经济一体化和"一带一路"倡议的落地,为我国工程咨询服务提供者参与国际竞争提供了机遇和需求,激烈的国际市场竞争必然冲击传统的、效率低下的竞争手段。而伴随着国内建设项目组织实施方式的变革,全过程工程咨询正在形成新的实践,重新建立新的规则和价值链条,并给建设领域带来新的秩序和新的思想。

对于监理企业来说,开展工程建设全过程咨询服务是监理企业转型升级和组织模式调整的发展方向和最高模式,但不是唯一的模式,并不是要求所有监理企业都要转型成为能提供全过程咨询服务的企业,而是部分有条件、有发展潜力的企业要发展成为具有国际水平的工程建设全过程咨询企业。

同时,监理企业对工程建设全过程咨询服务概念要有正确的理解。要充分认识到工程建设阶段是有限和确定的,但全过程咨询服务具体内容是无限的和不确定的。市场需求的具体内容是变化和不确定的,是随着具体项目内容和市场需要变化的,既可能有技术方面的咨询需求,又可能有投资、经济、管理、法律、文化、环境、资源、市场等方方面面的咨询需求;既有可能是项目整体和全过程委托,又可能是部分或单项委托。因此,企业发展工程建设全过程咨询服务应该追求的是全过程咨询服务自身统筹能力和社会资源整合能力建设,以及创新能力的建设,而不是追求企业自身大而全的建设。

从事工程建设全过程咨询服务，企业应具备为工程建设过程各阶段提供咨询服务和创新发展的能力。但工程建设全过程从项目策划、可行性研究、项目立项，到具体规划、勘察、设计、施工、验收运营，再到后期管理全过程周期长，咨询内容所需专业知识和经验跨度大，涉及面广，不是任何企业短时间内能够做到的，因此，对监理企业来说，在向工程建设全过程咨询发展过程中，应该有轻有重，重点应该放在行业熟悉的工程建设实施阶段，优先做好具有优势的施工阶段项目咨询和管理。

当然，工程建设全过程咨询作为一种更先进、更科学、更高效的项目组织实施方式并不是大型、综合性企业专属的项目组织实施方式。中小型、专业性企业也可以通过联营的方式建立联合体开展工程建设全过程咨询。

记者：面对建筑业全面深化改革的新形势和新要求，行业协会将发挥怎样的作用？

王早生：随着政府机构改革和职能转变的不断深入，作为行业协会，我们也面临着新的发展机遇和发展空间。我们要苦练内功，加强协会自身建设，提高协会为会员和政府服务的能力和素质，更好地发挥桥梁纽带作用。一是发挥行业协会主导作用，继续推动行业标准化建设。修订完善行业标准，培育发展团体标准，引导搞活企业标准，促进工程监理工作的量化考核和监管，使工程监理工作更加规范有序。二是推进行业信息化建设。建立大数据，不断推动BIM等现代技术在工程服务和运营维护全过程的集成应用，实现工程建设项目全生命周期数据共享和信息化管理，促进工程监理行业提质增效。三是加强行业诚信建设。结合住房城乡建设部开展的"四库一平台"建设，健全行业自律机制，积极推进行业诚信体系建设，逐步提高行业的社会公信力。四是强化行业人才队伍建设。引导企业建设一支精通工程技术、熟悉工程建设各项法律法规、善于协调管理的综合素质高的工程监理人才队伍。五是积极稳步推动"走出去"。鼓励工程监理企业抓住"一带一路"倡议提供的机遇，主动参与国际市场竞争，增强企业的国际竞争力。

今年年初，中国建设监理协会印发了《关于请组织开展工程监理行业创新发展30周年系列活动的通知》，将逐步开展系列纪念活动，其目的就是总结行业改革发展经验，剖析行业面临的问题和挑战，积蓄发展动能和力量，开启发展新征程。

党的"十九大"为我们描绘了宏伟的蓝图，指明了今后的发展方向。我们要不忘初心、牢记使命、砥砺前行，以更加饱满的热情，投入到监理行业转型升级创新发展的工作中去，共同谱写工程监理事业发展的新篇章。我们要不辜负国家、社会的期望，对国家负责、对社会负责、对人民负责，为实现百年梦作出工程监理人的贡献。

大力抓好企业文化建设 不断提高监理工作质量

杨心仲
四川省兴旺建设工程项目管理有限公司

近几年来，随着各级建设行政主管部门对监理企业的监管越来越严；建设单位对监理企业的要求越来越高；质量安全监督部门要求监理企业承担的责任越来越大，四川省兴旺建设工程项目管理有限公司从抓企业文化建设入手，不断提高了监理工作质量，不但促进了经营工作持续发展，还受到各级建设行政主管部门，广大业主和社会各界好评。实践使我们深刻体会到，企业文化是一种新的现代企业管理理论，企业要赢得市场、赢得信任、赢得效益，就必须抓好企业文化建设。

一、抓好思想教育、增强员工工作责任心

公司现有员工2600多人，承担着600多个建设项目的监理工作，主要分布在两省一市（四川省、贵州省、重庆市），点多、面广、战线长，要搞好现场监理工作，监理人员的工作责任心是关键。2014年以来，公司针对监理人员素质参差不齐，思想复杂多变的特点，先后对员工进行了《明确责任、做合格兴旺人》《增强工作责任心、当好兴旺责任人》《主动作为、认真履职》《公司给我工作岗位、为公司创造财富》等专题教育。每次教育，公司都要下发文件明确专题教育的指导思想和目的，教育内容、时间安排、方法步骤和具体要求。同时，公司统一编写专题教育提纲下发到各分公司、项目部，由分公司经理、项目部负责人为员工进行辅导并组织讨论。要求员工在教育中认真做好学习笔记、准备好联系实际的发言提纲，写好教育后的心得体会。每次教育后都要组织员工考试，并把考试成绩作为员工升职、调薪、评优的依据。通过专题教育，不但提高了员工参加思想教育的热情，还极大地增强了员工的工作责任心。在工作中，广大员工自觉用合格兴旺人十条标准严格要求自己，认真履职、主动作为、不怕苦累。2016年6月中旬，公司监理的桂溪生态公园项目，由于紧邻成都市环球中心和世纪城新国际会展中心，市政府为迎接G20财长和央行行长会议在世纪城新国际会展中心召开，要求桂溪生态公园项目提前3个月向市民开放。接到通知时离市政府要求的开放时间只有一个月，公司对此高度重视，对监理人员进行了思想动员，并抽调精兵强将补充到项目监理部。为了抢工期、保质量、出效果，38名监理人员撸起袖子日夜奋战在工地上。当时正值高温酷暑天气，监理人员挥汗如雨、头热晕了、衣服湿透了、腿跑软了、嗓子喊破了，但没有一名监理人员叫苦叫累。前来检查的各级领导看到工期快速推进、景观绿化效果好，十分高兴。一名市领导看到穿着"兴旺管理"工作服的几名监理人员汗流浃背，拉着卷尺检查冠木间距，亲切地说："小伙子，累不累呀？"大家齐声回答："不累！搞好现场监理是我兴旺人的责任、加班抢工期是我们为迎接G20财长和央行行长会议应该作的贡献！"通过参建各方的共同努力，桂溪生态公园于2016年7月18日向市民开放，为7月23日~24日在桂溪公园旁世纪城新国际会展中心召开的G20财长和央行行长会议增添了一道亮丽的风景，受到了省、市和大会组委会的高度赞扬。

二、唱响公司歌曲，激发员工主人翁责任感

歌曲是一种声音符号，既能表达人的所思所想，又能陶冶人的情操；既能抒发人的思想情怀，又能激励人的高昂斗志。一首好的歌曲，可以激励员工认真履职，为实现对美好生活的向往而奋斗！基于这样的认识，公司董事长汤友林经过长时间思考，紧密结合监理企业的责任，于2013年写出了《走向兴旺》《走进兴旺》两首歌词，并由四川省著名作曲家魏光正作曲，歌词铿锵有力，曲子优美动听。公司发文要求全体员工人人学唱，并要照着歌词去做。公司董事长汤友林创作这两首歌的目的就是要求全体员工勿忘初心、牢记使命、积极履职、勇于担当，严格按规范搞好监理工作，为社会奉献精品工程。为了唱好这两首歌，公司专门制作了MTV下发到分公司、项目部，由分公司、项目部组织员工学唱。2013年以来，凡是公司、分公司、项目部召开会议，第一项议程就是唱公司歌曲。同时，每年公司都要组织唱公司歌曲的歌咏比赛，以此激发全体员工唱公司歌曲的热情。现在，公司每一名员工不仅会唱公司歌曲，还努力践行歌词内容，努力做好现场监理工作。

通过唱公司歌曲，激发了全体员工的主人翁责任感，现在唱公司歌曲、践行歌词内容已经成为全体员工的自觉行动。公司在建项目有600多个，不仅城市有，乡镇也有，监理人员远离公司干工作完全靠他们的责任感。兴旺监理人无论在什么地方搞监理，监理什么样的项目都很自觉，业主评价我们的履职情况都比较好。贵州省习水县良村镇中心小学迁建项目建筑规模只有11000m²，地处偏远山区，公司巡查这个项目，在路上巡检人员想这个项目肯定很差，检查结果却得了91分，使巡检人员大吃一惊。通过检查实体工程、查看监理资料和监理人员工作笔记，发现项目总监雷波，监理工程师刘庭元、范金涛工作责任心非常强，不仅实体工程管得好，而且监理资料齐全、内容翔实、问题闭合。在与蒲东才校长座谈中，蒲校长对巡检人员说："你们兴旺公司的员工不但懂技术、会管理，而且责任心强，雷总监、刘工、范工每天都要唱你们公司的歌曲，我问他们为什么？他们说，唱公司歌曲就不会忘记肩上的责任！"

三、办好《兴旺报》，宣传正能量

员工的思想文化阵地正能量不去占领就会被负面的东西占领。除了思想教育外，以什么形式来宣传正能量？2013年，公司萌发了办《兴旺报》的想法，报纸作为信息传递载体是员工喜闻乐见的宣传形式。于是，2014年1月公司创办了《兴旺报》，每两月出一期，至今已出了19期。《兴旺报》分为四版：一版是政策法规、重要信息；二版是教育培训；三版是监理工作经验交流、技术研讨；四版是随笔、诗歌和文体消息。为了办好《兴旺报》，公司一是成立了《兴旺报》编辑部，由董事长汤友林任总编辑，副总经理杨心仲任副总编辑，宣传部2名员工任编辑，具体负责稿件的编审、排版、印刷、发放工作。二是聘请《兴旺报》记者。办报需要稿件，稿件需要人写。2013年底我们通过个人报名、编辑部审核、举办《兴旺报》记者培训班，对60名合格的员工颁发了《兴旺报》记者证。同时，稿件一经《兴旺报》发表，公司按文字篇幅给稿费。三是组织员工学习。《兴旺报》信息量大，既有行政主管部门的政策法规，又有公司的各种会议精神；既有思想教育提纲，又有业务培训资料；既有监理工作的心得体会，又有技术问题探讨；既有针砭时弊的随笔，又有抒发情怀的诗歌；既有文体活动信息又有妙趣横生的生活小常识。因此，抓好《兴旺报》学习是十分重要的。每一期《兴旺报》发到分公司、项目部后，各分公司、项目部都及时组织员工学习，并要求要有学习记录，要组织员工讨论，要求员工写心得体会。公司巡查时，把对《兴旺报》的学习作为一项内容，可以说每名员工对每期《兴旺报》的内容都熟记于心，如数家珍。

几年来，《兴旺报》对员工搞好现场监理工

作发挥了巨大作用。如：通过学习《兴旺报》，员工及时掌握了行政主管部门的政策法规；了解了公司各阶段的工作要求；交流了干好监理工作的体会；探讨了监理工作中的重大技术问题。同时，还增长了知识，愉悦了身心，陶冶了情操。在监理工作中，广大员工不但认真履职，还主动作为，注重工期、质量监理和安全管理预控，把可能发生的问题和控制措施先向施工单位提出来，使施工单位不返工、少整改。中国电子科技集团第十研究所8#楼项目，业主对工期、质量、安全、资料的要求相当高，只要业主检查发现质量、安全问题就要罚款。项目总监曾玲利用学习《兴旺报》对监理人员进行教育培训，把工作做在前面，把问题想在前面，把措施提在前面，施工中巡视、平行检查发现的问题要求施工单位立即整改，业主每次检查都很满意。

四、举办文体活动，培养团队精神

2013年以来，公司针对监理人员工作量大、环境艰苦的特点，在广大员工中广泛开展篮球、乒乓球、羽毛球、歌咏、登山、拔河等文体活动，一方面是增强员工的体质；另一方面是培养员工的团队精神。公司先后制作下发了MTV歌碟、向员工推荐了包括《走向兴旺》《走进兴旺》《团结就是力量》等20首经典歌曲；为各分公司、项目部购买了篮球、乒乓球、羽毛球、拔河绳、登山运动鞋等体育器材，供广大员工在业余时间因地制宜开展文体活动。2013年至今，公司每年十月都要召开运动会，至今已举办了五届，每届运动会都设置了6个大项、16个小项，金、银、铜牌奖。这些年，公司上上下下开展文体活动已形成常态，成为员工培养团队精神的自觉行动。2013年前，我们一些分公司、项目部缺乏团队精神，监理人员单打独斗，互相之间工作不配合还相互拆台，对现场监理工作造成了很大影响。自从开展文体活动后，不但监理部的团队精神增强了，公司的凝聚力也在不断增强。现在监理人员在现场监理工作中都十分注重团队协作，土建专业监理工程师巡视发现安装工程的问题，懂安装的就及时给施工单位指出正确的施工方法，不懂安装的就记下来通知安装监理工程师来处理。安全管理是监理工作的重中之重，监理人员虽有分工，但每个项目部都是全员抓安全管理，无论谁发现安全隐患都及时向施工指出并督促整改。成都市环城生态区生态修复综合项目（东、西片区）、（南片区）桥梁（钢结构）部分项目是市政府的重点工程，工期紧、任务重、要求高、点多、面广、战线长；公司抽调钢结构监理的精兵强将组

成现场监理部，20多名监理人员组成5个监理组，日夜奋战在工地上。项目总贾廷良不但要求每名监理人员干好本职工作，还要求大家团结协作，充分发挥团队的作用，把各项监理工作搞好。在工作中，各个组经常是你参与我这个组的方案探讨，我抽调人员到你那个组去突击。由于监理人员心往一处想，劲往一处使，现场监理工作干得十分出色。该项目分为四个标段，从2017年9月开工到现在，业主组织了3次检查评比，评比内容包括现场管理，办公资料管理共59项内容，公司每次都名列前茅。天府绿道公司管理人员这样评价："兴旺管理公司的监理人员不是最优秀的，但团队精神绝对是一流的。"

五、开展争先创优，调动员工积极性

企业需要活力，员工需要激励。四川省有195家甲级以上监理企业，加上外地入川的322家甲级以上监理企业，共有517家甲级以上监理企业，僧多粥少，市场竞争激烈。当前，行政主管部门对监理企业实行信用评价，建设单位对监理服务的要求越来越高。如果监理企业不能把项目监理好，就不可能赢得业主的信任，信用评价也不会好，在竞争激烈的监理市场也拿不到项目，企业就无法生存。因此，公司对争先创优，调动员工积极性非常重视，成立至今，我们年年都搞争先创优，年年都评比奖励，极大地调动了广大员工的工作积极性，促进了项目监理工作完成。

近年来，我们针对承担的政府工程项目时间紧、任务重、要求高的特点，大力开展了争先创优活动，每年年底自下而上地评选优秀项目监理部、优秀项目总监、优秀员工。评选的条件：一是思想先进、讲政治、讲大局、讲奉献；二是爱岗敬业、工作责任心强，按合同约定完成监理工作；三是创新工作方法，为业主提供专业化、精细化服务；四是接受行政主管部门现场质量、安全信用评价得分80分以上；五是公司巡检评定为A等；六是监理的项目未发生四级以上安全事故；七是在建设单位开展的劳动竞赛中获得前3名；八是监理人员廉洁自律，没有吃、拿、卡、要的违纪违规行为。评选的方法是由分公司、项目部申报、自评，报公司评比小组评审、复查，符合评选条件的在公司微信公众号进行公示，接受员工监督，最后由公司总经理办公会研究决定。凡评上优秀项目监理部、优秀总监、优秀员工的，公司发文通报表彰，在公司的新春团拜会上发奖牌、奖状，并在下一年度安排出国旅游一次。公司给予的这些奖励，激发了广大员工争先创优的热情，在工作中，自觉按评优条件要求自己，努力干好每一项工作。成都天府新区投资集团有限公司从2014年开始开展"争当天府新区开发建设先锋"劳动竞赛，由于竞赛内容与公司评优内容一致，我们就结合起来抓，收到了很好的效果。几年来，公司的项目监理部先后取得了4次第一名，两次第二名的好成绩。天投集团的领导说："兴旺公司的监理人员精神面貌好、工作履职到位、监理方法有创新、争先创优干劲足，你们在劳动竞赛中经常拿第一是实至名归。"

由于公司争先创优活动搞得深入扎实，不但一些项目监理部被评为优秀项目监理部，受到建设行政主管部门和建设单位的表彰奖励，而且公司也连续7年被中国建设监理协会评为"先进工程监理企业"，连续7年被四川省工程质量与安全监理协会评为"优秀监理企业"，连续8年被四川省工商行政管理局评为"守合同、重信用企业"。

编辑企业内刊的实践与探索

刘颖
太原理工大成工程有限公司

《太工大成》是太原理工大成工程有限公司的企业内刊,自1999年创刊至今已有18载,截至目前共出刊425期。企业内刊原名《太工监理》,由于企业2010年改制合并更名为《太工大成》。前十多年企业内刊编辑工作主要由公司专家教授殷正云负责,他既是企业内刊的创始人,又是主编,对公司企业文化建设作出了不朽的成绩。2011年殷老师退休,编辑企业内刊的重任就落到了公司工程建设部。由于企业内刊是公司企业文化建设的重要组成部分,面对以往殷老师办刊的优秀业绩,工程建设部接受编辑企业内刊任务后,我作为主要组稿人不敢有丝毫懈怠,在公司和部门领导的指导下,努力学习编辑企业内刊的相关知识。功夫不负有心人,经过我们的共同努力,企业内刊2013年度荣获山西省"监理企业简报金页奖"、2014~2015年度分别荣获山西省"监理企业优秀内刊"。成绩的取得还需我们不断总结,不断创新,不断学习,现将本人在近几年编辑企业内刊工作中的几点感悟与大家一起分享。

一、稿件的收集是办好企业内刊的基础

俗话说,巧妇难为无米之炊。一个企业要想办好内刊,必须要有大量的信息来源。目前公司内刊的信息来源主要包括以下几个方面:

1.国家建设标准化信息、中华人民共和国住房和城乡建设部、中国建设监理协会、省建设监理协会等网站的最新标准化信息、法规、政策、公示公告等。

2.《中国建设监理与咨询》《建设监理》《山西建设监理》等和监理管理相关的杂志摘录行业发展趋势、行业发展评价等专家讲话、点评信息。

3.公司各项目管理公司每月定期提交的有关监理经验总结、监理工作体会、项目情况报道、获奖信息等材料。

4.公司及各职能管理部门下发的通知、公告等。

从以上的信息来源可以看出,我们的稿件还十分匮乏,还需要各项目管理公司发动广大监理人员积极撰写有价值的通信稿件。

二、稿件的质量是办好企业内刊的保障

办好企业内刊,需要四步走,收集、整理、排版、发放,其中稿件的整理是关键,整理又包括审核、修改、审核、排版,特别是在审核修改的过程中,需要认真仔细的琢磨、推敲,有时还要逐字翻来覆去地推敲才能定稿,最后出刊还需部门几个人把关审核稿件的质量和内容,才能排版印刷发放。

针对《太工大成》稿件的质量,公司制定了如下几点要求:

1. 稿件的导向性

注重稿件的导向性：不论论文、稿件首先主题鲜明、观点正确、积极向上，要宣传报道对员工有正能量的信息。

2. 稿件的时效性

注重把握稿件的时效性：公司内刊虽然是一个月一期，但也要注意所刊出文章的时效。尤其是所报道的消息、通信，一定要把握时效性，要在出刊的时段内，把公司及项目所发生的事件、消息及时地反映出来。如果不能把握时效，那就会造成阅读者的疑惑，就会使刊出的消息、通信变成了"旧闻"，就会失去其应有的作用和意义。

3. 稿件的实用性

注意稿件的实用性：介绍的内容应是监理行业最新的或者对公司经营、项目管理有直接影响的。

4. 稿件的效益性

注意稿件的效益性：内容应能够为公司创造出直接或间接的价值，包括隐性的和软性的。

只有达到了以上要求，才能保证企业内刊的质量。但就监理行业当前所处的环境，在高素质人才严重不足的情况下，能撰写出高质量的论文作者，还需要我们通信员积极地去寻找发现。

三、稿件的排版设计是画龙点睛

（一）刊物内容设计

内刊刊物的内容应能够反映国家、行业、公司、管理公司、项目部和人员的发展状况。目前公司企业内刊的内容设计主要包括以下几个方面：

1. 党建工作

主要刊登公司党总支组织的活动信息，学习国家、行业等实事政治，最新报道，更好地发挥企业党组织的政治核心作用。

2. 公司信息

主要是介绍公司的发展动态、最新规定、表扬与表彰、培训与考核等，需要让员工了解和掌握公司的发展方向，紧密地团结在公司这个大家庭周围，明白自己是这个家庭中的一员，有主人翁意识。

3. 项目管理

主要刊登各项目管理公司对项目部的检查、监督、培训等，展示项目管理公司好的管理方式，方便各项目管理公司互相学习，共同进步。

4. 一线报道

主要刊登项目监理部信息及监理人员在施工现场的监理工作情况，使企业领导了解一线员工的心

声及所思、所想、所做,更加贴近监理工作实际。

5. 优秀员工栏

宣传优秀监理人员,树立监理身边看得见的榜样,营造学先进、讲正气、作奉献的氛围。

6. 上级文件

主要是传达上级通知和要求,让员工及时学习文件,按照文件要求做好各项监理管理工作,管控好项目风险。

7. 行业动态

主要是监理行业的最新发展动态。介绍建筑行业、监理行业的最新政策法规、技术规范,以及住建部、住建厅等领导的讲话精神,给员工提供学习新技术、新规范,接受新事物的平台。

8. 他山之石

介绍其他监理公司的工作总结经验,一些好的做法;专家学者对于监理行业发展的建议,供员工在闲暇之余借鉴学习。

9. 论文交流

主要是来自于公司各个项目部、管理层成功的经验、成功的案例、总结和交流,结合作者本人撰写的论文,对内员工互相交流经验,对外代表公司学术论文技术水平。

10. 应知应会

主要刊登一些在监理工作中用到的实际专业知识,员工在工作中必须掌握和运用的标准规范等,方便监理人员查阅,掌握,运用。

11. 警钟长鸣

公司历来高度重视安全监理工作,为使员工牢固树立安全发展理念,从《建筑施工安全事故案例分析》及住建部网站质量安全管理栏等选摘一些和监理工作相关的案例刊登,给项目监理人员提供事故原因分析、事故教训、专家点评,让大家从事故中吸取经验教训,加强工程监管,保证安全生产。

(二)刊物的版面设计

内刊版面的版块要有主次。近几年公司内刊一般是这样安排的,头版——要闻版,主要报道党建工作、公司会议、企业荣誉;2版——管理版,报道公司各职能部门及项目管理公司如何对项目进行管理;3版——项目版,刊登项目监理部及监理现场有关报道;4版——经验交流版,主要刊登项目总监及监理人员的论文、感悟;5版——技术学习版,主要刊登一些值得项目监理人员学习借鉴的知识。

内刊版面要有创新。前几年公司内刊的排版基本就是以前的固定格式,后经公司总工庞志平建议学习报纸杂志等的排版方法,内刊的版面设计有了较大的进步,进行了如下几点改进:

1. 整体框架均衡

整体框架采用以对称均衡的方式进行排版,内刊版式编排过程中多以此为标准进行,对过去内刊的板式作了大胆的创新。

2. 版面图文并茂

对内刊增加图片,结合刊登的文章选用"适用精美"的图片,并且对图片的大小及位置做了把握,或做修饰花边,或做旁衬,或压低……根据图片本身的色彩结合整个版面的色彩格调来使用,使内刊图文并茂,别具特色,对读者有吸引力。

3. 文章分栏设计

对文章进行分栏设计,过去我们读一篇文章感到很累,对文章进行分栏,不但减轻了眼睛的疲劳,而且对版面的空间利用率也有所增加。当然,分栏也不能太多,一般来说,一栏字数以25~30字为宜,这比较符合人们的阅读和用眼的习惯。

4. 标题摆放灵活

标题的摆放灵活,遵循的原则是"醒目、习惯、协调",具体结合内刊版块文字构成一个整体,既完美又新颖。

厚积于冬之深沉,薄发于春之萌动。办好企业内刊是一个漫长的积累过程,是一个逐步渐进的过程,要不断总结学习其他行业企业办理内刊的经验,借鉴已有的知名监理企业办理内刊的成功心得,取人之长,补己之短,才能使办刊水平有所提高,才能不断创新、与时俱进,更好地促进企业文化的有效发展。

《中国建设监理与咨询》征稿启事

《中国建设监理与咨询》是中国建设监理协会与中国建筑工业出版社合作出版的连续出版物，侧重于监理与咨询的理论探讨、政策研究、技术创新、学术研究和经验推介，为广大监理企业和从业者提供信息交流的平台，宣传推广优秀企业和项目。

一、栏目设置：政策法规、行业动态、人物专访、监理论坛、项目管理与咨询、创新与研究、企业文化、人才培养。

二、投稿邮箱：zgjsjlxh@163.com，投稿时请务必注明联系电话和邮寄地址等内容。

三、投稿须知：

1. 来稿要求原创，主题明确、观点新颖、内容真实、论据可靠，图表规范，数据准确，文字简练通顺，层次清晰，标点符号规范。

2. 作者确保稿件的原创性，不一稿多投、不涉及保密、署名无争议，文责自负。本编辑部有权作内容层次、语言文字和编辑规范方面的删改。如不同意删改，请在投稿时特别说明。请作者自留底稿，恕不退稿。

3. 来稿按以下顺序表述：①题名；②作者（含合作者）姓名、单位；③摘要（300字以内）；④关键词（2~5个）；⑤正文；⑥参考文献。

4. 来稿以4000~6000字为宜，建议提供与文章内容相关的图片（JPG格式）。

5. 来稿经录用刊载后，即免费赠送作者当期《中国建设监理与咨询》一本。

本征稿启事长期有效，欢迎广大监理工作者和研究者积极投稿！

欢迎订阅《中国建设监理与咨询》

《中国建设监理与咨询》面向各级建设主管部门和监理企业的管理者和从业者，面向国内高校相关专业的专家学者和学生，以及其他关心我国监理事业改革和发展的人士。

《中国建设监理与咨询》内容主要包括监理相关法律法规及政策解读；监理企业管理发展经验介绍和人才培养等热点、难点问题研讨；各类工程项目管理经验交流；监理理论研究及前沿技术介绍等。

《中国建设监理与咨询》征订单回执（2018）

订阅人信息	单位名称				
	详细地址			邮编	
	收件人			联系电话	
出版物信息	全年（6）期	每期（35）元	全年（210）元/套（含邮寄费用）	付款方式	银行汇款
订阅信息					
订阅自2018年1月至2018年12月，_____套（共计6期/年）　　付款金额合计¥_____元。					
发票信息					
□开具发票					
发票抬头：_____　　　　　　纳税人识别号：_____					
发票类型：一般增值税发票					
发票寄送地址：□收刊地址　□其他地址					
地址：_____邮编：_____收件人：_____联系电话：_____					
付款方式：请汇至"中国建筑书店有限责任公司"					
银行汇款 □ 户　名：中国建筑书店有限责任公司 开户行：中国建设银行北京甘家口支行 账　号：1100 1085 6000 5300 6825					

备注：为便于我们更好地为您服务，以上资料请您详细填写。汇款时请注明征订《中国建设监理与咨询》并请将征订单回执与汇款底单一并传真或发邮件至中国建设监理协会信息部，传真010-68346832，邮箱zgjsjlxh@163.com。

联系人：中国建设监理协会　孙璐、刘基建，电话：010-68346832、88385640

　　　　中国建筑工业出版社　焦阳，电话：010-58337250

　　　　中国建筑书店　王建国、赵淑琴，电话：010-88375860（发票咨询）

《中国建设监理与咨询》协办单位

 北京市建设监理协会 会长：李伟	 中国铁道工程建设协会 副秘书长兼监理委员会主任：麻京生	 京兴国际工程管理有限公司 执行董事兼总经理：陈志平	 北京兴电国际工程管理有限公司 董事长兼总经理：张铁明
 北京五环国际工程管理有限公司 总经理：李兵	 中国水利水电建设工程咨询北京有限公司 总经理：孙晓博	 鑫诚建设监理咨询有限公司 董事长：严弟勇 总经理：张国明	 北京希达建设监理有限责任公司 总经理：黄强
 中船重工海鑫工程管理（北京）有限公司 总经理：栾继强	 中咨工程建设监理有限公司 总经理：鲁静	 北京赛瑞斯国际工程咨询有限公司 总经理：曹雪松	 天津市建设监理协会 理事长：郑立鑫
 河北省建筑市场发展研究会 会长：蒋满科	 山西省建设监理协会 会长：唐桂莲	 山西省煤炭建设监理有限公司 总经理：苏锁成	 山西省建设监理有限公司 董事长：田哲远
 山西煤炭建设监理咨询公司 执行董事兼总经理：陈怀耀	 山西和祥建通工程项目管理有限公司 执行董事：王贵展 副总经理：段剑飞	 太原理工大成工程有限公司 董事长：周晋华	 山西震益工程建设监理有限公司 董事长：黄官狮
 山西神剑建设监理有限公司 董事长：林群	 山西共达建设工程项目管理有限公司 总经理：王京民	 晋中市正元建设监理有限公司 执行董事兼总经理：李志涌	 运城市金苑工程监理有限公司 董事长：卢尚武
 内蒙古科大工程项目管理有限责任公司 董事长兼总经理：乔开元	 吉林梦溪工程管理有限公司 总经理：张惠兵	 沈阳市工程监理咨询有限公司 董事长：王光友	 大连大保建设管理有限公司 董事长：张建东 总经理：肖健
 上海市建设工程咨询行业协会 会长：夏冰	 上海建科工程咨询有限公司 总经理：张强	 上海振华工程咨询有限公司 总经理：徐跃东	 山东天昊工程项目管理有限公司 总经理：韩华
 青岛信达工程管理有限公司 董事长：陈辉刚 总经理：薛金涛	 山东胜利建设监理股份有限公司 董事长兼总经理：艾万发	 江苏誉达工程项目管理有限公司 董事长：李泉	 连云港市建设监理有限公司 董事长兼总经理：谢永庆
 江苏赛华建设监理有限公司 董事长：王成武	 江苏建科建设监理有限公司 董事长：陈贵 总经理：吕所章	 江苏中源工程管理股份有限公司 总裁：丁先喜	安徽省建设监理协会 会长：陈磊
 合肥工大建设监理有限责任公司 总经理：王章虎	 浙江江南工程管理股份有限公司 董事长兼总经理：李建军	 浙江华东工程咨询有限公司 执行董事：叶锦锋 总经理：吕勇	 浙江嘉宇工程管理有限公司 董事长：张建 总经理：卢甬
 浙江五洲工程项目管理有限公司 董事长：蒋廷令	 浙江求是工程咨询监理有限公司 董事长：晏海军	 江西同济建设项目管理股份有限公司 法人代表：蔡毅 经理：何祥国	 福州市建设监理协会 理事长：饶舜

《中国建设监理与咨询》协办单位

厦门海投建设监理咨询有限公司 法定代表人：蔡元发 总经理：白皓	驿涛项目管理有限公司 董事长：叶华阳	河南省建设监理协会 会长：陈海勤	郑州中兴工程监理有限公司 执行董事兼总经理：李振文
河南建达工程建设监理公司 总经理：蒋晓东	河南清鸿建设咨询有限公司 董事长：贾铁军	建基工程咨询有限公司 副董事长：黄春晓	中汽智达（洛阳）建设监理有限公司 董事长兼总经理：刘耀民
河南省光大建设管理有限公司 董事长：郭芳州	中元方工程咨询有限公司 董事长：张存钦	河南方大建设工程管理股份有限公司 董事长：李宗峰	武汉华胜工程建设科技有限公司 董事长：汪成庆
湖南省建设监理协会 常务副会长兼秘书长：屠名瑚	 长沙华星建设监理有限公司 总经理：胡志荣	湖南长顺项目管理有限公司 董事长：潘祥明 总经理：黄劲松	广东省建设监理协会 会长：孙成
广州市建设监理行业协会 会长：肖学红	广东工程建设监理有限公司 总经理：毕德峰	广州广骏工程监理有限公司 总经理：施永强	广东穗芳工程管理科技有限公司 董事长兼总经理：韩红英
广东省建筑工程监理有限公司 董事长兼总经理：黄伟中	重庆赛迪工程咨询有限公司 董事长兼总经理：冉鹏	重庆联盛建设项目管理有限公司 总经理：雷开贵	重庆华兴工程咨询有限公司 董事长：胡明健
重庆正信建设监理有限公司 董事长：程辉汉	重庆林鸥监理咨询有限公司 总经理：肖波	 林同棪（重庆）国际工程技术有限公司 总经理：汪洋	四川二滩国际工程咨询有限责任公司 董事长：郑家祥
中国华西工程设计建设有限公司 董事长：周华	云南省建设监理协会 会长：杨丽	云南新迪建设咨询监理有限公司 董事长兼总经理：杨丽	云南国开建设监理咨询有限公司 董事长兼总经理：黄平
贵州省建设监理协会 会长：杨国华	贵州建工监理咨询有限公司 总经理：张勤	贵州三维工程建设监理咨询有限公司 董事长：付涛 总经理：王伟星	 西安高新建设监理有限公司 董事长兼总经理：范中东
西安铁一院工程咨询监理有限责任公司 总经理：杨南辉	 西安普迈项目管理有限公司 董事长：王斌	西安四方建设监理有限公司 总经理：杜鹏宇	华春建设工程项目管理有限公司 董事长：王勇
陕西华茂建设监理咨询有限公司 总经理：阎平	永明项目管理有限公司 董事长：张平	陕西中建西北工程监理有限公司 总经理：张宏利	甘肃省建设监理有限责任公司 董事长：魏和中
新疆昆仑工程监理有限责任公司 总经理：曹志勇	青岛市政监理咨询有限公司 董事长兼总经理：于清波	广西大通建设监理咨询管理有限公司 董事长：莫细喜 总经理：甘耀域	深圳市监理工程师协会 会长：方向辉

北京新机场停车楼、综合服务楼项目

北京新机场工作区（市政交通）

北京新机场西塔台项目

丹东万达广场项目

咸阳彩虹第 8.6 代 TFT-LCD 项目

中国邮政信息中心数据中心项目

北京京东方整机大楼项目

北京希达建设监理有限责任公司

北京希达建设监理有限责任公司始于 1988 年，隶属于中国电子工程设计院，具有工程监理综合资质、信息系统工程监理甲级资质、设备监理甲级资质（4 项）、设备监理乙级资质（6 项）、人防工程监理甲级资质和工程招标代理资质。是 1993 年国内首批获得甲级监理资质的企业之一。入选住建部首批"全国全过程工程咨询试点企业"。

公司的业务范围包括建设工程全过程项目管理、建设监理、造价咨询、招标代理、信息系统监理和设备监理等相关技术服务。涵盖国内外各类民用建筑和工业工程，业务涉及大型公共设施、民航机场、研发办公、城市综合体、通信信息、医院、生物医药、能源化工、节能环保、电力、轻工机械、市政公用工程、铁路、农林等。

近年来公司承担了众多的国家及地方重点工程建设监理工作，机场项目：北京新机场停车楼、综合服务楼项目、新机场西塔台、首都国际机场、石家庄国际机场、昆明国际机场等项目；数据中心项目：中国移动数据中心、北京国网数据中心、中国民生银行总部、蒙东国网数据中心、中国邮政数据中心；医院项目：北大国际医院、合肥京东方医院；城市综合体：丹东万达广场、抚顺万达广场、几内亚国家体育场、塞内加尔国家剧院；电子工业厂房：上海华力 12 吋半导体、南京熊猫 8.5 代 TFT、咸阳彩虹 8.6 代 TFT、广州富士康 10.5 代 TFT、京东方（河北）移动显示；其他项目：黄骅铁路、北京郊县农业治理、滕州高铁新区基础建设、莆田围海造田等。获得鲁班奖、詹天佑奖、国优工程及省部级奖项近百个。公司连续多年获得国家和北京市优秀监理单位称号、北京市建设行业诚信监理企业，是中国建设监理协会理事单位、北京市监理协会副会长单位、机械监理协会副会长单位等。

公司拥有完善的管理制度、健全的 ISO 体系及信息化管理手段。近年来多人获得全国优秀总监、优秀监理工程师称号，拥有高效、专业的项目管理团队。

地　址：北京市海淀区万寿路 27 号
电　话：68208757　68160802
邮　编：100840
网　址：www.xida.com

滕州市高铁新区基础设施建设项目

五矿地产房山理工大学项目

中国电力科学院科技研发中心项目

莆田围海造田项目

北京兴电国际工程管理有限公司

北京兴电国际工程管理有限公司(简称兴电国际)成立于1993年,是隶属于中国电力工程有限公司的央企公司,是我国工程建设监理的先行者之一。兴电国际具有国家工程监理(项目管理)综合资质、招标代理甲级资质、造价咨询甲级资质,业务覆盖国内外各类工程监理、项目管理、招标代理及造价咨询等工程管理服务。兴电国际是全国先进监理企业、全国招标代理机构诚信创优先进单位及全国3A级信用单位,是中国建设监理协会常务理事单位、中国招标投标协会理事单位、北京市建设监理协会及中国机械行业监理协会副会长单位,参与了全国建筑物电气装置标准化技术委员会(IEC-TC64)的管理工作,参编了部分国家标准、行业标准及地方标准,主编了国家注册监理工程师继续教育教材《机电安装工程》。

兴电国际拥有优秀的团队。现有员工660余人,其中高级专业技术职称的人员近90人(包括教授级高工16人),各类国家注册工程师(包括监理工程师、造价工程师、招标师、安全工程师、结构工程师、设备监理师、咨询工程师等)、项目管理专家(PMP、IPMP)、香港建筑测量师及英国皇家特许建造师等200余人次,专业齐全,年龄结构合理。兴电国际还拥有1名中国工程监理大师。

兴电国际工程监理业绩丰富。先后承担了国内外超高层建筑及大型城市综合体、大型公共建筑、大型居住区、市政环保、电力能源及各类工业工程的工程监理1700余项,总面积约3700万平方米,累计总投资750余亿元。公司共有300余项工程荣获中国土木工程詹天佑奖、中国建设工程鲁班奖(国家优质工程)、中国钢结构金质奖、北京市长城杯及省市优质工程,积累了丰富的工程创优经验。

兴电国际项目管理业绩丰富。先后承接了国内外新建工程、改扩建工程的项目管理100余项,总面积约100万平方米,累计总投资100余亿元。涉及公共建筑、公寓住宅、市政基础设施及电力能源等工程。形成了工程咨询、医疗健康、装修改造及PPP项目等业务领域,积累了丰富的经验。

兴电国际招标代理业绩丰富。先后承担了国内外各类工程招标、材料设备招标及服务招标1710余项,累计招标金额460余亿元,其中包括大型公共建筑和公寓住宅、市政环保、电力能源及各类工业工程。公司在多年的招标代理实践中,积累了丰富的从工程总承包到专业分包、从各类材料设备到各类服务的招标代理服务经验。

兴电国际造价咨询业绩丰富。先后为国内外各行业顾客提供包括编制及审查投资估算、项目经济评价、工程概(预、结)算、工程量清单及工程标底、全过程造价咨询及过程审计在内的造价咨询服务300余项,累计咨询金额300余亿元,其中包括大型公共建筑和公寓住宅、市政环保、电力能源及各类工业工程。公司在多年的造价咨询实践中积累了丰富的经验,取得了较好的社会效益和经济效益,受到了顾客的好评。

兴电国际管理规范科学。质量、环境、职业健康安全一体化管理体系已实施多年,工程监理、项目管理、招标代理及造价咨询等工程管理服务的各环节均有成熟的管理体系保证。公司重视整体优势的发挥,由总工程师及各专业总工程师组成的技术委员会构成了公司的技术支持体系,一批享受政府津贴及各专业领域资深在岗专家组成的专家组,及时为项目部提供权威性技术支持,项目部及专业工程师的定期经验交流,使公司在各项目实践中积累的工程管理经验成为全公司的共同财富,使项目部为顾客提供的工程管理服务成为公司整体实力的集中体现。

兴电国际装备先进齐全。拥有先进的检测设备及其他技术装备,采用现代化管理方式,建立了公司的信息化管理系统,实现了公司总部与各现场项目部计算机联网,为公司项目执行提供及时可靠的信息支持。

兴电国际注重企业文化建设。为了建设具有公信力的一流工程咨询管理公司的理想,兴电国际秉承人文精神,明确了企业使命和价值观:超值服务,致力于顾客事业的成功;创造价值,使所有的利益相关者受益。公司核心的利益相关者是顾客,公司视顾客为合作伙伴,顾客的成功将印证我们实现员工和企业抱负的能力。

为此,我们赋予兴电国际的管理方针以崭新的涵义:

● 科学管理:追求以现代的管理理念——"八项质量管理原则"实施工程管理服务。

● 优质服务:追求优质的工程管理服务,以争取超越顾客的需求和期望。

● 防控风险:基于风险的思维,充分识别公司所处的内外部环境、相关方的需求和期望,采取措施,控制风险。

● 保护环境:把预防污染、节能降耗、美化环境,作为承担的社会责任,以保护我们共有的家园。

● 健康安全:秉承以人为本的基本理念,通过危险源辨识、风险评价和控制,最大限度地减少员工和相关方的职业健康安全风险。

● 持续改进:通过持续改进质量、环境、职业健康安全管理体系,以提高公司的整体管理能力。

这些理念是兴电国际这艘航船的指南针,并在兴电国际持续改进的管理体系中得到了具体体现。

兴电国际期盼能与您同舟共济,以超值的工程管理服务,为共同打造无愧于时代的精品工程保驾护航。

让我们共同努力,来实现我们的理想、使命和价值观,为我们所服务的顾客、企业、员工和社会创造价值!

中国国际贸易中心(工程监理)

沈阳盛京金融广场(工程监理)

北京南宫生活垃圾焚烧发电厂(工程监理)

赤道几内亚马拉博国家电网工程(项目管理)

外交部和谐雅园(项目管理、招标代理、造价咨询、工程监理)

北京英特宜家购物中心(招标代理、工程监理)

国家体育总局自行车击剑运动管理中心(招标代理)

中国航信高科技产业园(造价咨询)

北京中央公园广场(工程监理)

地　址:北京市海淀区首体南路9号中国电工大厦
邮　编:100048
电　话:010-68798200
传　真:010-68798201
网　址:www.xdgj.com
邮　箱:xdgj@xdgj.com

吉林梦溪工程管理有限公司

吉林梦溪工程管理有限公司是中国石油集团东北炼化工程有限公司全资子公司。前身为吉林工程建设监理公司，成立于1992年，是中国最早组建的监理企业之一。

公司拥有工程监理综合资质和设备监造甲级资质，形成了以工程项目管理为主，以工程监理为核心、带动设备监造等其他板块快速发展的"三足鼎立"的业务格局。同时，公司招标代理资质于2014年9月经吉林省住房和城乡建设厅核准为工程招标代理机构暂定级资质。

公司市场基本覆盖了中石油炼化板块各地区石化公司，并遍及中石油外石油化工、煤化工、冶金化工、粮食加工、军工等国有大型企业集团，形成了项目管理项目、油田地面项目、管道项目、炼化项目、国际项目、煤化工项目、油品储备项目、检修项目、设备监造项目、市政项目等10大业务板块。

公司市场遍布全国25个省市，70多个城市，并走出国门。

公司迄今共承担项目1100余项，项目投资2000多亿元，公司共荣获7项国家级和56项省部级优质工程奖。

公司先后荣获全国先进工程建设监理单位，中国集团公司工程建设优秀企业，吉林省质量管理先进企业，中国建设监理创新发展20年工程监理先进企业等荣誉称号。

公司拥有配备齐全的专业技术人员和复合型管理人员构成的高素质人才队伍。拥有专业技术人员900余人，其中具有中高级专业技术职称人员447人，持有国家级各类执业资格证书的273人，持有省级、行业各类执业资格证书的882人，涉及工艺、机械设备、自动化仪表、电气、无损检测、给排水、采暖通风、测量、道路桥梁、工业与民用建筑以及设计管理、采购管理、投资管理等十几个专业。

公司掌握了科学的项目管理技术和方法，拥有完善的项目管理体系文件，先进的项目管理软件，自主研发了具有企业特色的项目管理、工程监理、设备监理工作指导文件，建立了内容丰富的信息数据库，能够实现工程项目管理的科学化、信息化和标准化。

公司秉承"以真诚服务取信，靠科学管理发展"的经营宗旨，坚持以石油化工为基础，跨行业、多领域经营，正在向着国内一流的工程项目管理公司迈进。

公司坚持以人为本，以特色企业文化促进企业和员工共同发展，通过完善薪酬分配政策、实施员工福利康健计划等，不断强化企业的幸福健康文化，大大增强了企业的凝聚力和向心力，公司涌现出了以中国监理大师王庆国为代表的国家级、中油级、省市级先进典型80余人次，彰显了梦溪品牌的价值。

中国石油四川石化千万吨炼化一体化工程项目

新疆独山子千万吨炼油及百万吨乙烯项目

神华包头煤化工有限公司煤制烯烃分离装置

辽宁华锦化工集团乙烯原料改扩建工程

中石油广西石化千万吨炼油项目

湖南销售公司长沙油库项目

尼日尔津德尔炼厂全景

澜沧江三管中缅油气管道及云南成品油管道工程

吉化24万吨污水处理场

吉林石化数据中心

吉林经济开发区道路

浙江五洲工程项目管理有限公司

浙江五洲工程项目管理有限公司（简称五洲管理）是一家创新型的建筑业从业企业，总部位于浙江杭州。公司以工程总承包（EPC）和全过程工程咨询（PMC）为核心业务，可提供工程设计、工程代建（项目管理）、工程监理、工程咨询、工程造价、工程招标、医院建设、学校建设、绿色建筑咨询、BIM技术应用等各项专业服务，是国内为数不多的集建设管理咨询与工程实施于一体的综合性、一站式品牌服务商。

五洲管理现有职工1300多人，业务范围覆盖除港澳台地区以外的各个省份，每年新增管理项目投资总额超2000亿元。公司以"让建筑更美好"为使命，秉承"艰苦创业、团结实干、执着创新、坚守梦想"的企业精神，坚持"想做好，不想混""创造价值，满意服务"的核心价值观，多年来深耕专业、创新管理、整合资源、赶超发展，取得了快速的发展和可喜的成绩，先后荣膺国家级高新技术企业、全国优秀监理企业、中国工程项目管理代建十强企业、浙商最具投资价值企业，首批全国建设工程项目管理先进单位、全国诚信建设示范单位、全国医院基建十佳供应商、全国十佳工程项目管理示范单位、全国十佳工程招标投标示范单位、全国诚信建设示范单位、全国企业党建工作先进单位、杭州市先进集体等荣誉称号。

作为国内最早提出"建筑服务业"概念的企业，五洲管理较早开展"1+X"多产品创新组合的实践，通过"管监合一"监理延伸项目管理""代建+设计""设计+管理+监理+造价""项目管理+设计"等多模式的应用，成为国内最早探索实践全过程工程咨询的企业之一。此外，公司也是在传统监理从业领域率先成功转型工程总承包的企业之一，并通过将旗下设计院挂牌新三板开启资本化、集团化发展的布局。

围绕"打造中国知名建筑服务商"和"创建国际项目型管理工程公司"的企业愿景，五洲管理将继续坚持高质量发展，打造技术高地、人才高地、先进管理基地，担当企业公民责任，做有情怀的建筑服务商，向着让员工满意、客户满意、社会满意的目标不断前进。

地　址：浙江省杭州市滨江区东信大道688号志成大厦13楼
网　址：http://www.wzpm.com.cn/
电　话：400 186 5200

台州东部新区市政道路基础设施（服务模式：项目管理+施工监理+全过程造价控制，南北跨度7公里，东西跨度3.5公里，总投资额31亿元）

金义综合保税区
（服务模式：施工监理+代建，总建筑面积约62万平方米，总投资约30亿元）

浙江大学医学院附属第一医院余杭院区
（服务模式：全过程监理+全过程咨询，总建筑面积约31万平方米，总投资约18亿元）

大江东河庄街道安置房小区
（服务模式：设计+全过程代建，总建筑面积31.5万平方米，总投资约14亿元）

黄岩王林洋安置房
（服务模式：项目管理+设计+造价+施工监理四位一体，总建筑面积22.3万平方米，总投资约8.8亿元）

衢州市第二人民医院
（服务模式：设计+项目管理+监理+BIM，总建筑面积5.6万平方米，总投资约3.1亿元）

杭州钱江新城中国人寿大厦
（服务模式：工程监理，总建筑面积约43万平方米，总投资约56亿元）

浙江国际影视中心
（服务模式：工程监理，一期总建筑面积28.5万平方米，总投资约21亿元）

台州中央创新区人才社区
（服务模式：EPC工程总承包，总投资15亿元，总建筑面积17.6万平方米）

北师大台州实验学校
（服务模式：EPC工程总承包，总投资近10亿元，总建筑面积14万平方米）

海上嘉年华酒店及水上游乐场项目

济南西客站片区安置房（泰山杯）

青岛开发区唐岛湾沿海防护林市政环境工程

秀兰禧悦山项目（山东省优质结构杯）

青岛美术学校

泰安文化艺术中心

珠宋路工程

青岛信达工程管理有限公司

青岛信达工程管理有限公司成立于2003年，是具有国家建设部核准的房屋建筑工程监理甲级、市政公用工程监理甲级、机电安装工程监理乙级、化工石油工程监理乙级、水利水电工程监理乙级，以及人防工程监理甲级、招标代理甲级、工程造价咨询甲级、政府采购招标代理资质的独立法人实体，山东省、青岛市"守合同、重信用"企业。

公司为技术密集、知识密集的有机结合体，拥有一支具有建设工程扎实专业知识和丰富实践经验的高素质职工队伍，公司员工总数500多名，所有人员均经过建设主管部门的专业培训持证上岗。

公司积极推行标准化管理，通过了 ISO 9001、ISO 14001、OHSAS 18000 体系认证，进一步完善了公司管理体系。公司坚持以市场为导向，以客户为中心，以观念创新、机制创新、技术创新和管理创新为动力，强化提升企业管理水平，推进公司文化建设，不断追求卓越，以创造良好的社会效益和企业效益。

公司具备各类房屋建筑工程及市政公用工程建设全过程的工程咨询、工程项目管理、工程监理以及工程投资管理的能力，范围涉及高层建筑、小区成片开发、大型工业厂区、公路桥梁、市政配套、园林生态绿化、室内装饰装修、城市供热管网、燃气管道安装等工程。

公司自成立以来，以创业、务实的企业精神，勤奋、敬业的负责态度，积累了丰富成熟的工程管理经验，锻炼出一批技术过硬的专业人员。公司以高技术含量的监理服务、热情严谨的工作态度，多次受到政府部门的表彰，被评为山东省、青岛市先进监理企业，赢得了业主的信任和好评。

青岛信达工程管理有限公司本着"守法、诚信、公正、科学"的准则，遵循"质量第一、信誉至上"的企业宗旨，凭借先进的技术、丰富的经验、严格的管理和真诚的服务，不断积极创新，稳步发展，为建设优质项目贡献自己的力量。

地　址：青岛市西海岸新区富春江路1509号信达大厦
邮　编：266555
电　话：0532-86899969　0532-68970888
网　址：www.qdxdgl.com
邮　箱：qdxdgl@126.com

太原理工大成工程有限公司

太原理工大成工程有限公司成立于2009年，隶属于全国211重点院校——太原理工大学，是山西太原理工资产经营管理有限公司全额独资企业。其前身是1991年成立的太原工业大学建设监理公司，1997年更名为太原理工大学建设监理公司，2010~2012年改制合并更名为太原理工大成工程有限公司。

公司是以工程设计及工程总承包为主的工程公司，具有化工石化医药行业工程设计乙级资质，可从事资质证书许可范围内相应的工程设计、工程总承包业务以及项目管理和相关的技术与管理服务。

公司具有住建部房屋建筑工程、冶炼工程、化工石油工程、电力工程、市政公用工程、机电安装工程甲级监理资质，国土资源部地质灾害治理工程甲级监理资质，可以开展相应类别建设工程监理、项目管理及技术咨询等业务。

公司以全国"211工程"院校太原理工大学为依托，拥有自己的知识产权，具有专业齐全，科技人才荟萃，装备试验检测实力雄厚，在工程领域具有丰富的实践经验，可为顾客提供满意的服务、创造满意的工程。

公司现有国家注册监理工程师122人，国家注册造价工程师11人，国家注册一级建造师17人，国家一级注册结构工程师2人，注册土木工程师（岩土）1人，注册化工工程师6人，国家注册咨询工程师（投资）5人。

公司成立以来，公司承接工程监理业务1700余项，控制投资1000多亿元，工程合格率达100%。承建的项目先后获得国家（部）级大奖7项（其中鲁班奖2项、国家优质工程奖2项、全国市政金杯奖1项、国家化学工程优质奖1项、全国建筑工程装饰奖1项）、省级工程奖数十项，市县级奖项百余项，创造了"太工大成"知名品牌。

公司建立了完善的局域网络系统，配置网络服务器1台，交换机6台，设置50余个信息点，配置有PKPM、SW6、Pvcad、Autocad、天正、广联达等专业设计、预算软件及管理软件。配置有打印机、复印机、速印机、全站仪、经纬仪、水准仪等一批先进仪器设备。

公司于2000年通过了GB/T 19001 idt ISO 9001质量管理体系认证。在实施ISO 9001质量管理体系标准的基础上，公司积极贯彻ISO 14001环境管理体系标准和GB/T 28001职业健康安全管理体系标准，建立、实施、保持和持续改进质量、环境、职业健康安全一体化管理体系。

实现员工与企业同进步、共发展是太原理工大成企业文化的精髓。公司历来重视企业文化建设，连续多年荣获"山西省工程监理先进企业""撰写监理论文优秀单位""发表监理论文优秀单位""监理企业优秀网站""监理企业优秀内刊"等荣誉称号。

公司奉行"业主至上，信誉第一，认真严谨，信守合同"的经营宗旨，"严谨、务实、团结、创新"的企业精神，"创建经营型、学习型、家园型企业，实现员工和企业共同进步、共同发展"的发展理念，"以人为本、规范管理、开拓创新、合作共赢"的管理理念，竭诚为顾客服务，让满意的员工创造满意的产品，为社会的稳定和可持续发展作出积极的贡献。

背景：大同市中医医院御东新院工程（国家优质工程奖）

并州饭店维修改造工程（中国建设工程鲁班奖）

山西省博物馆（中国建设工程鲁班奖）

山西交通职业技术学院新校区建设项目实验楼 - 国家优质工程奖

山西省委应急指挥中心暨公共设施配套服务项目（全国建筑工程装饰奖）

山西国际贸易中心 - 山西省优良工程、汾水杯工程奖

汾河景区南延伸段工程

地　　址：山西省太原市万柏林区迎泽西大街79号
邮　　编：030024
电　　话：0351-6010640　0351-6018737
传　　真：0351-6010640-800
网　　址：www.tylgdc.com
E-mail：tylgdc@163.com

周口五星级酒店喜来登主楼

安徽利辛元利广场

洛阳市契约文书博物馆

洛阳市契约文书博物馆效果图

洛阳市老城区人民法院审判法庭

东耀仓储物流园

周口文昌大道

鲁山县人民医院

东南夜景透视

郑州上街残联康复中心

 中元方工程咨询有限公司
Zhong YF Engineering Consulting Co., Ltd

明心之道，谓中之直
处事之则，唯元之周
立身之本，为方之正

中元方工程咨询有限公司成立于1997年，是一家专业提供工程监理、招标代理、工程造价等项目管理和工程咨询的综合性企业，是中国建设监理协会理事单位、河南省建设监理协会副会长单位。公司现拥有综合资质覆盖房屋建筑工程、市政公用工程、水利水电工程等十四项工程资质。多年执着追求与探索，从周口迈向全国，传承21年成功的品牌业绩以及良好的市场信誉。

历年来公司积极支持政府主管部门和协会的工作，在经营过程中能模范遵守和执行国家有关法律、法规、规范及省行业自律公约、市场行为规范，认真履行监理合同，做到了"守法、诚信"，获得了良好的经济效益和社会效益。在各级领导的关心支持和全体员工的共同努力下，公司已发展成为全国具有较强综合竞争力的工程咨询服务企业。公司始终以"尽职尽责，热情服务"为核心价值观念，恪守职业道德，以服务提升品牌，以创新为动力，以人才为基石，努力促进行业的广泛交流与合作。

创业为元，守誉为方，上善若水，责任至上。中元方工程咨询有限公司必将以"公正严格、科学严谨、服务至上"的精神服务于社会，以客户需求为我们服务的焦点，为政府服务，做企业真诚的合作伙伴，望与各界朋友携手，共创美好的明天！

综合资质：

房屋建筑工程	铁路工程
冶炼工程	公路工程
矿山工程	港口与航道工程
化工石油工程	航天航空工程
水利水电工程	通信工程
电力工程	市政公用工程
农林工程	机电安装工程

地　址：周口川汇大道与新民路交叉口向南100米翰墨艺术中心4号楼三楼
邮　编：466000
联系方式：0394-6196666
邮　箱：izhongyuanfang@163.com
网　址：http://www.zyfgczx.com

欢迎扫描中元方微信

云南省建设监理协会

云南省建设监理协会(以下简称"协会")成立于1994年7月，是云南省境内从事工程监理、工程项目管理及相关咨询服务业务的企业自愿组成的，区域性、行业性、非营利性的社团组织。其业务指导部门是云南省住房和城乡建设厅，社团登记管理机关是云南省民政厅，2012年被云南省民政厅评为4A级社会组织。目前，协会共有185家会员单位。

协会第六届管理机构包括：理事会、常务理事会、监事会、会长办公会、秘书处，并下设期刊编辑委员会、专家委员会等常设机构。多年来，协会在各级领导的关心和支持下，严格遵守章程规定，积极发挥桥梁纽带作用，沟通企业与政府、社会的联系，了解和反映会员诉求，努力维护行业利益和会员的合法权益，并通过进行行业培训、行业调研与咨询和协助政府主管部门制订行规行约等方式不断探索服务会员、服务行业、服务政府、服务社会的多元化功能，努力适应新形势，谋求协会新发展。

地址：云南省昆明市滇池国家旅游度假区
　　　迎海路8号金都商集3幢10号
邮编：650228
电话：（0871）64133535
传真：（0871）64168815
网址：http://www.ynjsjl.com/
E—mail：ynjlxh2016@qq.com

云南省建设监理协会
微信公众号二维码

2016年12月6日召开协会第六届会员大会暨换届选举大会

召开第六届会长办公会商议确定协会年度工作重点

举办"云南省监理员、监理工程师上岗培训班"

召开协会专家委员会第一次会议

召开编委会会议，研究2017年会刊事宜

新成员，新起点！2017年通联工作会议顺利召开

架桥梁！促沟通！协会开展全体会员调研工作

广东省建筑工程监理有限公司

广东省建筑工程监理有限公司（简称：广东省监理，原名：广东省建筑工程监理公司）成立于1992年10月（广东省首批成立的监理企业），注册资本3000万元，2015年6月改制为有限责任公司(法人独资、国有企业)，作为"广东省全过程工程咨询第一批试点单位"，是一家具有房屋建筑工程监理甲级、机电安装工程监理甲级、市政公用工程监理甲级、环境监理甲级、化工石油工程监理乙级、人防工程建设监理乙级、工程招标代理甲级、政府采购代理甲级、工程造价咨询甲级和项目代建资质的综合型工程技术管理服务企业。

公司在广东省内外具有较高知名度和良好的社会信誉。公司是中国监理协会、中国招投标协会、广东省监理协会、广东省招投标协会会员单位。自1998年以来一直被广东省工商行政管理局授予"守合同、重信用"企业荣誉；荣获"广东省先进工程监理企业""广东省诚信示范企业""中国最具社会责任感招标机构""中国阳光招标奖"等荣誉。

公司的经营地域遍布全国各地，并成功地对一大批房屋建筑工程（高层/超高层建筑、公共建筑、商住/住宅小区）市政公用工程、机电安装工程、园林古建筑和工业厂房等工程建设项目进行了工程建设监理、招标代理、政府采购、造价咨询和项目代建服务。公司呈现良好的发展态势，在转型升级中正沿着集团的"六做"发展目标迈进。

公司拥有一支较高专业技术水平、管理水平，经验丰富的老、中、青相结合的管理团队。公司现有各类专业技术人员350人，其中：注册监理工程师70多人，注册造价工程师15人，教授级高级工程师3人，高级工程师60人，中级技术职称130人。

公司工程技术管理服务体系完善。公司已通过质量、环境和职业健康安全管理体系"三标"一体化认证，坚持以"服务优良、顾客满意、节能降耗、预防污染、遵章守法、安全健康、规范管理、持续改进"的质量、环境、职业健康安全方针，以优质服务为本，严守职业道德，严格按照制度化、规范化、科学化的要求开展工程监理、工程招标代理、政府采购、造价咨询和项目代建工作。公司每年都有超过20项工程获得省市级以上奖项，取得了良好的社会和经济效益。

公司具有先进的经营管理和服务意识，坚持以"服务、效率、诚信、公开、公平、公正"的经营宗旨和"精心管理、优质服务、信誉第一、信守合同"的经营理念，我们将一如既往，发扬务实、敬业的精神，竭诚为广大业主和客户提供优质、一流的服务。我们愿与社会各界携手合作，为祖国的经济建设作出应有的贡献。

有了您的支持与青睐，我们与您携手共创辉煌！

地　　址：广东省广州市流花路85号四楼
电　　话：020-86687583、86687581
传　　真：020-86687589
网　　址：http://www.gdsjl.com/
邮　　箱：Gdjgjl@163.com

美兰机场生活区　　湖南日报传媒中心（获得AAA级安全文明标准化工地）

南沙珠江啤酒总厂（获得广东钢结构金奖"粤钢奖"）

汕尾火车站站前广场及周边配套道路等市政公用工程

南平市武夷区站西大桥

珠海航展中心新建主展馆项目（获得中国钢结构金奖）

湛江市雷州市客路镇恒山村、塘塞村现有耕地提质改造　　中国移动通信集团广东有限公司三水数据中心项目（获得广东省建设工程金匠奖）

江苏建科建设监理有限公司

发展历史：江苏建科工程咨询有限公司是前身组建于1988年的江苏省建筑科学研究院建设监理试点组（1998年依据《公司法》按现代企业组织形式改制为"江苏建科建设监理有限公司"，2016年更名为江苏建科工程咨询有限公司），在国内率先开展建设监理及项目管理试点工作，是全国第一批成立的社会监理单位，1993年由国家建设部首批审定为国家甲级资质监理单位，一直为中国建设监理协会理事单位，2016年入围国家40家全过程咨询试点单位之一（其中监理单位仅16家）。2002年根据国家《招标代理法》成立工程招标代理部，开展工程招标代理业务。

公司资质：公司具有监理综合资质、人防监理甲级资质，是工程造价咨询甲级资质，是全过程工程咨询试点单位。

强大的依托：母公司江苏省建筑科学研究院有限公司（前身为"江苏省建筑科学研究院"）为江苏省最大的综合性建筑科学研究和技术开发机构，也是全国建设系统重点科研院所之一。获得各种科技成果和科技进步奖近200项，其中省部级和国家级科技进步奖近百项，大批科技成果和新技术被推广应用到国家重点建设工程。

质量体系：公司于1999年在江苏省监理行业中率先通过ISO 09002国际质量体系认证，2002年通过ISO 09901:2000版转版认证。2008年取得质量、环境、职业健康GB/T 19001-2008版综合管理系统进行认证。

业务拓展：公司开展业务包括工程监理、工程全过程咨询、工程第三方总控咨询（督导）、工程项目管理、工程招标代理、工程造价咨询、工程咨询、工程BIM服务、工程项目应用软件开发应用等。

业绩与荣誉：公司自成立以来，已承担房屋建筑工程监理面积超过5000万平方米、水厂及污水处理厂监理约1450万吨，给排水管线约1000公里、道路桥梁约480公里、地铁工程约200亿元，所监理的各类工程总投资约3500亿元。包括大中型工业与民用工程监理项目600多项，其中高层和超高层项目260多项，已竣工项目90%为优良工程，其中华泰证券大厦等27个项目获得鲁班奖称号，南京国际展览中心等23个项目获国家优质工程奖称号，南京城北污水处理厂等6个项目获国家市政金杯奖称号，江苏大剧院等4个项目获中国钢结构金奖称号。苏建大厦等200余项项目获江苏省扬子杯称号。

1995年12月在全国监理工作会议上公司被国家建设部评为全国建设监理先进单位，1999年蝉联全国建设监理先进单位，2004~2014年连续获得全国建设监理先进单位称号，是全国唯一一家连续八次获得全国先进的监理单位。同时，公司在省市的先进监理单位的评比中，每次均榜上有名。2004年3月被命名为"江苏省示范监理企业"，至今每届均被授予省"示范企业"称号。连续多年被省、市招标代理协会评为"优秀招标代理企业"，2009年、2012年分别被评为"江苏省工程造价咨询企业信用等级AAA级企业"，2015年被评为"江苏省工程造价咨询企业信用等级AAAA级企业"，2017年被评为"江苏省工程造价咨询企业信用等级AAAAA级企业"。

面对市场机遇和挑战，公司坚持以模块化、集约化、综合性、混合型为原则，以打造"一流信誉、一流品牌、一流企业"为目标，积极倡导"以人为本、精诚合作、严谨规范、内外满意、开拓创新、信誉第一、品牌至上、追求卓越"的价值理念及精神。

国优——河西新闻中心

国优——南京国际展览中心

国优——新城总部大厦

鲁班奖——苏州金鸡湖大酒店

鲁班奖——南京鼓楼医院

鲁班奖——青奥会议中心

鲁班奖——中银大厦

鲁班奖——省特种设备安全监督检验与操作培训实验基地工程

鲁班奖——东南大学图书馆

市政金杯——南京城北污水处理厂

南京地铁2号线首蕴园站

南京青少年科技活动中心

鲁班奖——江苏广电城

紫峰大厦

贵州省建设监理协会

2018年4月20日,贵州省建设监理协会在兴义市召开了2017年年会

全过程工程咨询试点工作座谈会在贵阳召开

中国建设监理协会王早生会长在贵州调研

协会组建黔西南工作部

协会遵义市工作部授牌

2018年内地与香港建筑论坛在贵阳召开

贵州省建设监理协会自律委员会召开在安顺市承揽业务的部分工程监理企业座谈会

《建筑工程监理文件资料编制与管理指南》评审会

协会向边远学校捐赠物资

贵州省建设监理协会是由从事建设工程监理业务的企业自愿组成的行业性非营利性社会组织,接受贵州省住房和城乡建设厅和民政厅的业务指导和监督管理,于2001年8月经贵州省民政厅批准成立,2016年4月经全体会员代表大会选举完成了第四届理事会换届工作。贵州省建设监理协会是中国建设监理协会的团体会员及常务理事单位,现有会员单位240余家,监理从业人员约2万多人,国家注册监理工程师约3041人,驻地设在贵州省贵阳市。

贵州省建设监理协会的指导思想是,在以习近平同志为核心的党中央坚强领导下,高举中国特色社会主义伟大旗帜,以马克思列宁主义、毛泽东思想、邓小平理论、"三个代表"重要思想、科学发展观、习近平新时代中国特色社会主义思想为指导,认真贯彻党的基本理论、基本路线、基本方略,全面落实党的"十九大"精神和习近平总书记在贵州省代表团重要讲话精神,牢记嘱托、感恩奋进,坚持和加强党的全面领导,严格遵守宪法和法律,全面正确履行服务义务,建设会员满意的法治协会、创新协会。协会以"服务企业、服务政府"为宗旨,发挥桥梁与纽带作用,贯彻执行政府的有关方针政策,维护会员的合法权益,认真履行"提供服务、反映诉求、规范行为"的基本职能;热情为会员服务,引导会员遵循"公平、独立、诚信、科学"的职业准则,维护公平竞争的市场环境,强化行业自律,积极引导监理企业规范市场行为,树立行业形象,维护监理信誉,提高监理水平,促进我国建设工程监理事业的健康发展,为国家建设更多的安全、适用、经济、美观的优质工程。

协会业务范围:主要是致力于提高会员的服务水平、管理水平和行业的整体素质。组织会员贯彻落实工程建设监理的理论、方针、政策;开展工程建设监理业务的调查研究工作,协助业务主管部门制定建设监理行业规划;制定并贯彻工程监理企业及监理人员的职业行为准则;组织会员单位实施工程建设监理工作标准、规范和规程;组织行业内业务培训、技术咨询、经验交流、学术研讨、论坛等活动;开展省内外信息交流活动,为会员提供信息服务;开展行业自律活动,加强对从业人员的动态监管;宣传建设工程监理事业;组织评选和表彰奖励先进会员单位和个人会员等工作。

第四届理事会会长杨国华,秘书长汤斌,10家骨干企业负责人担任副会长,本届理事会增设了监事会。

第四届理事会协会下设自律委员会和专家(顾问)委员会,各市(州)自律委员会成员负责该地区行业自律工作。协会完善并充实了由会员单位推荐具有高级职称的国家注册监理工程师、教授、行业专家组成的专家库。秘书处是本协会的常设办事机构,负责本协会的日常工作,对理事会负责。秘书处下设办公室、财务室、培训部、对外办事接待窗口等。

地　址:贵州省贵阳市延安西路2号建设大厦西楼13楼
电　话:0851-85360147
Email:gzjsjlxh@sina.com
网　址:www.gzjlxh.com

湖南长顺项目管理有限公司

湖南长顺项目管理有限公司（以下缩写为长顺）是国内较早开展工程建设监理业务、项目管理的单位之一。公司自1993年开始以中国轻工业长沙工程有限公司监理部的名义从事工程建设监理服务，1997年为进一步推进监理工作的发展，组建了湖南长顺工程建设监理有限公司；为适应公司转型升级的需要，2014年10月更名为湖南长顺项目管理有限公司，现为中国轻工业长沙工程有限公司的全资子公司。中国轻工业长沙工程有限公司是属保利集团下属的集工程咨询设计、工程总承包和工程项目管理为一体的综合性国际型工程公司。

长顺现具有住房和城乡建设部工程监理综合资质；工程招标代理甲级资质；交通运输部公路工程监理甲级资质；国家人防监理甲级资质。可承担所有行业建设项目的工程监理业务以及项目管理、技术咨询等业务。

长顺监理业务覆盖的范围包括民用建筑、市政、交通、民航、水利水电、生态环境等多个领域以及制浆造纸、家用电器、盐化工、电力、冶金、汽车配件、热电站、食品饮料、烟酒等工业行业，所监理的项目遍及国内数十个省份和国外。目前公司的业务已延伸至项目代建、项目管理和全过程咨询领域。

长顺现有各类专业技术人员911人，其中高级工程师及以上职称120人，工程师468人，全国注册监理工程师188人，湖南省注册监理工程师457人，交通运输部及省交通运输厅注册监理工程师74人，全国注册造价工程师16人，全国一级注册建造师44人，全国一级注册结构师16人，全国一级注册建筑师2人，注册人防工程师20人。专业配套齐全，项目管理经验丰富，综合实力雄厚。公司拥有工程管理所需的先进、完备的仪器仪表、检测工具、办公自动化设备、管理信息网络平台及交通工具等。

二十多年来，长顺全员创新意识和技术管理素质逐年提高，质量意识、环境意识和职业健康安全意识不断增强，管理体系不断完善。已成为国内监理行业的知名品牌企业。公司多次获得全国、湖南省先进工程建设监理单位及国家轻工业优秀监理企业等称号，2008年被中国建设监理协会评为"中国建设监理创新发展20年工程监理先进企业"。

公司成立至今，所监理的项目获得国家"鲁班奖"20项、湖南省"芙蓉奖"51项，以及"国家优质工程奖""装饰金奖""市政金杯示范工程"等奖项。

长顺奉行"团结、拼搏、严谨、创新"的理念，坚持以顾客满意为中心，以环境友好为己任，以安全健康为基点，以品牌形象为先导的价值观，一如既往地为国内外顾客提供优质的技术服务和管理服务。公司追求卓越，超越自我，回报社会，致力于将长顺打造成国内一流的建设领域全过程一体化的项目管理企业。

地　址：湖南省长沙市雨花区新兴路268号
电　话：0731-85770486
邮　编：410114

国家开发银行湖南省分行

湘雅五医院

长沙国际会展中心

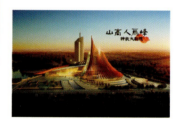
株洲神农大剧院

长沙大河西交通枢纽

长沙绿地湖湘中心

黄花机场T2航站楼

长沙开福万达广场

湘府路快速化改造

长沙国际金融中心

重庆圣名国际商贸城项目

北汽银翔30万辆微车厂房项目

重庆恒大御龙天峰项目

重庆宝田爱家丽都项目

重庆西永宽度云中心项目

重庆正信建设监理有限公司

重庆正信建设监理有限公司成立于1999年10月，注册资金为600万元人民币，资质为房屋建筑工程监理甲级、化工石油工程监理乙级、市政公园工程监理乙级、机电安装工程监理乙级，监理业务范围主要在重庆市、四川省、贵州省和云南省。

公司在册人员170余人，其中国家注册监理工程师51人，重庆市监理工程师101余人，注册造价工程师5人，一级建筑师1人，一级注册建造师12人，注册安全工程师3人。人员专业配备齐备，人才结构合理。

公司获奖工程：公安部四川消防科研综合楼获得成都市优质结构工程奖；重庆荣昌县农副产品综合批发交易市场1号楼工程获得三峡杯优质结构工程奖；重庆涪陵区环境监控中心工程获得三峡杯优质结构综合奖；重庆远祖桥小学主教学楼获得重庆市三峡杯优质结构工程奖；展运电子厂房获得重庆市三峡杯安装工程优质奖。

重点项目：黔江区图书馆、公安部四川消防科研综合楼、北汽银翔微车30万辆生产线厂房、渝北商会大厦、圣名国际商贸城、重庆西永宽度云中心、单轨科研综合楼、展运电子厂房、恒大世纪城及恒大御龙天峰等恒大地产项目、龙湖兰湖时光、龙湖郦江等龙湖地产项目，以及爱加西西里、龙德四季新城等。工程质量合格，无重大质量安全事故发生，业主投诉率为零，业主满意率为百分之百，监理履约率为百分之百，服务承诺百分之百落实。

公司已建立健全了现代企业管理制度，有健康的自我发展激励机制和良好的企业文化。公司"渝正信"商标是重庆市著名商标，说明监理服务质量长久稳定、信誉良好。监理工作已形成科学的、规范化的、程序化的监理模式，现已按照《质量管理体系》GB/T 19001-2008、《环境管理体系》GB/T 24001-2004/ISO 14001：2004、《职业健康安全管理体系》GB/T 28001-2011/OHSAS 18001：2011三个标准开展监理工作，严格按照"科学管理、遵纪守法、行为规范、信守合同、业主满意、社会放心"的准则执业。

地　址：重庆市江北区洋河花园66号5-4
电　话：023-67855329
传　真：023-67702209
邮　编：400020
网　址：www.cqzxjl.com

溪洛渡水电工程

二滩水电工程

贵州乌江构皮滩水电工程

瀑布沟地下厂房工程

四川二滩国际工程咨询有限责任公司
Sichuan Ertan International Engineering Consulting Co., Ltd.

二十年前，四川二滩国际工程咨询有限责任公司（简称：二滩国际）于大时代浪潮中应运而生，肩负着治水而存的使命，从二滩水电站大坝监理起步，萃取水的精华，伴随着水的足迹成长。如今，作为中国最早从事工程监理和项目管理的职业监理企业，公司已从单纯的水电工程监理的领军者蜕变成为综合性的工程管理服务提供商，从水电到市政、从南水北调到城市地铁、从房屋建筑到道路桥梁、从水电机电设备制造及安装监理到TBM盾构设备监造与运管，伴随着公司国际市场的不断拓展和交流，业务范围已涉足世界多个地区。

二滩国际目前拥有工程建设监理领域最高资质等级——住房和城乡建设部工程监理综合资质、水利部甲级监理资质、设备监理单位资格、人民防空工程建设监理资质、商务部对外承包工程资质以及国家发改委甲级咨询资质，获得了质量、环境、职业健康安全（QEOHS）管理体系认证证书。2009年公司通过首批四川省"高新技术企业"资格认证，走到了科技兴企的前沿。

二滩国际在工程建设项目管理领域，经过多年的历练，汇集了一大批素质高、业务精湛、管理及专业技术卓越的精英人才。不仅拥有行业内首位中国工程监理大师，而且还汇聚了工程建设领域的精英800余人，其中具有高级职称109人、中级职称193人、初级职称206人；各类注册监理工程师161人、国家注册咨询工程师9人、注册造价工程师25人，其他各类国家注册工程师20人；41人具备总监理工程师资格证书，23人具有招标投标资格证。拥有包括工程地质、水文气象、工程测量、道路和桥梁、结构和基础、给排水、材料和试验、金属结构、机械和电气、工程造价、自动化控制、施工管理、合同管理和计算机应用等领域的技术人员和管理人员，这使得二滩国际不仅能在市场上纵横驰骋，更能在专业技术领域发挥精湛的水平。

二滩国际是我国最早从事水利水电工程建设监理的单位之一，先后承担并完成了四川二滩水电站大坝工程，山西万家寨引黄入晋国际II、III标工程，四川福堂水电站工程，格鲁吉亚卡杜里水电站工程，新疆吉林台一级水电站工程，广西龙滩水电站大坝工程等众多水利水电工程的建设监理工作。目前承担着溪洛渡水电站大坝工程、贵州构皮滩水电站大坝工程、四川瀑布沟地下厂房工程、四川长河坝水电站大坝工程、四川黄坪水电站、四川毛尔盖水电站、四川亭子口水利枢纽大坝工程、贵州马马崖水电站、四川安谷水电站、缅甸密松水电站、锦屏二级引水隧洞工程、金沙江白鹤滩水电工程等多个水利水电工程的建设监理任务。其中公司参与承建的二滩水电站是我国首次采用世行贷款，FIDIC合同条件的水电工程，由公司编写的合同文件已被世行作为亚洲地区的合同范本，240m高的双曲拱坝当时世界排名第三，承受的总荷载980万吨，世界第一，坝身总泄水量22480m³/s；溪洛渡水电站是世界第三、亚洲第二、国内第二大巨型水电站；锦屏II级水电站引水隧洞工程最大埋深2525m，是世界第二，国内第一深埋引水隧洞，也是国内采用TBM掘进的最大洞径水工隧洞；瀑布沟水电站是我国已建成的第五大水电站，它的GIS系统为国内第二大输变电系统；龙滩水电站大坝工程最大坝高216.5m，世界上最高的碾压混凝土大坝；构皮滩水电站大坝最大坝高232.5m，为喀斯特地区世界最高的薄拱坝。

二滩国际将通过不懈的努力和追求，为工程建设提供专业、优质的服务，为业主创造最佳效益。作为国企，我们还将牢记社会责任，坚持走可持续的科学发展之路，保护环境，为全社会全人类造福！

阿坝州松潘县：川黄公路雪山梁隧道工程监理JL1标段

成都市：四川大学华西第二医院锦江院区一期工程建设项目

成都市凤凰山公园改造一期工程

成都市金牛区：西部地理信息科技产业园

湖州市新建太湖水厂工程

西藏：西藏德琴桑珠孜区30兆瓦并网光伏发电项目

中国华西工程设计建设有限公司

中国华西工程设计建设有限公司，其前身为中国华西工程设计建设总公司（集团），由四川、重庆等22家中央、省、市属设计院联合组成，是1987年经国家计委批准成立的勘察设计行业体制改革试点单位。

公司经历了励精图治的艰苦创业过程，坚持在改革中创建，在创建中探索，在探索中发展。2004年实现了由初建的管理型向技术经营生产实体的转化，建成了以资本为纽带、技术作支撑的混合型所有制勘察设计咨询企业，为实现混合型经济所有制企业深化改革进行了有益的尝试。

中国华西工程设计建设有限公司树立"扎根天府，立足西部，面向全国，走向世界"的经营目标，不断发展壮大，已形成一定经营规模和生产能力。公司先后获"中国建设监理创新发展20年工程监理先进企业""全国建设监理行业抗震救灾先进企业""2006年度四川省工程监理单位十强""成都市先进监理单位""成都市畅通工程先进监理单位""四川省工程勘察设计和工程监理信誉得过单位""四川省和成都市勘察设计先进单位""全国守合同重信用企业"等殊荣，以及部省级优秀成果奖100余项。公司经济实力、信誉和社会影响不断提升，基本形成了工程勘察、工程监理及市政、建筑、公路、铁路设计方面的独特优势和中国华西设计监理品牌。中国华西工程设计建设有限公司在新的时代，与时俱进，勇闯市场，抓住机遇，迎接挑战，树立"环保、健康、节能"理念，坚持"质量第一、诚实守信、用户至上、优质服务"的经营方针，为中国基础设施及生态文明建设再作新贡献。

绵阳北川县：北川地震纪念馆区、任家坪集镇建设及地址遗址保护工程项目获"国家优质工程奖"

内江市：内江高铁站前广场综合体项目工程

宜宾燕君综合市场（东方时代广场）工程"获四川天府杯"

漳州市：厦漳同城大道第三标段（西溪主桥为88+220米扭背索斜塔斜拉桥，为全国最宽钢混结合梁桥）

2008年荣获"中国建设监理协会创新发展20周年先进企业"

2014~2015年获"国家优质机构"

"2011-2012年度中国监理协会先进企业"

"2013-2014年度中国建设监理行业先进监理企业"

地　址：四川省成都市金牛区沙湾东二路1号世纪加州1幢1单元4-6楼
邮　编：610031
电　话：028-87664010
网　址：www.chinahxdesign.com

西安高新建设监理有限责任公司

　　西安高新建设监理有限责任公司(高新监理)成立于2001年3月27日，注册资金1000万元，是提供项目全过程管理和技术服务的综合性工程咨询企业，具有工程监理综合资质。公司现为中国建设监理协会员单位、陕西省建设监理协会副会长单位、陕西省《项目监理机构工作标准（团体）》主编单位。

　　公司在职员工近500人，高、中级专业技术人员占员工总数的75%以上。其中，国家注册监理工程师约100人，其他类别注册工程师50余人次。

　　一直以来，公司始终把"佑建美好家园"作为企业使命，坚持实施科学化、规范化、标准化管理，以直营模式和创新思维确保工作质量，全面致力于为客户提供卓越工程技术咨询服务。经过不懈努力，企业规模不断扩大，市场竞争能力持续增强，行业地位和品牌价值明显提升。

　　高新监理秉承"创造价值、服务社会"的经营理念和"诚信、创新、务实、高效"的企业精神，积极贯彻"以'安全监理'为核心、以质量控制为重点"的监理工作方针，得到了社会各界和众多客户的广泛认同，并先后荣获国家住建部"全国工程质量管理优秀企业"，全国、省、市先进工程监理企业，"全国建设监理创新发展20年工程监理先进企业"等荣誉称号，40多个项目分获中国建筑工程鲁班奖、国家优质工程奖、全国市政金杯示范工程奖以及其他省部级奖项。2014年9月，在住房和城乡建设部召开的全国工程质量治理两年行动电视电话会议上，高新监理从全国近万家监理企业中脱颖而出，跻身受表扬的5个企业之列，为陕西乃至西部监理行业争得了殊荣。

　　目前，高新监理正持续深入企业标准化建设、信息化建设、学习型组织建设和品牌建设，主动把握行业改革发展趋势，着力技术创新，以监理工作的升级推动企业转型，努力培育全过程工程咨询能力，形成服务主体多元化格局。

　　未来，高新监理将力争跻身全国工程监理综合实力百强行列，尽早实现"筑就具有公信力品牌企业"的宏伟愿景，为国家工程监理事业的腾飞再立新功！

地　　址：陕西省西安市高新区丈八五路43号高科尚都·ONE尚城A座15层
邮　　编：710077
电　　话：029-81138676　81113530
传　　真：029-81138876

西安交通大学科技创新港科创基地

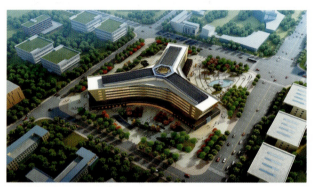
西部飞机维修基地创新服务中心（鲁班奖）

环球西安中心

贵州都匀一中

西安绿地中心

西安行政中心